U0011265

就 是 愛 住
零裝感的家

Life Style
Elegant Simplicity at Home

漂亮家居編輯部 著

CONTENTS
目錄

CHAPTER 1 ————
關於空間與人的翻轉設計

個案 1 | 簡約與現代古典
隨興切換的塩系純白空間······················008

個案 2 | 極簡清新，
打造無印風格的人貓新樂園······················016

個案 3 | 把空間當畫布，
用個人品味帶出家的味道······················024

個案 4 | 廢棄廠房重生
還原空間最舒適純粹的樣態······················032

個案 5 | 秉持生活初衷
以零裝感設計向歲月致敬······················040

個案 6 | 繁華水泥叢林中
打造屬於家的一方清心之所······················050

個案 7 | 黑白灰色階之間
藏進萬紫千紅的生活視野······················058

個案 8 | 崇尚減法自然
獨一無二的無印風住家······················066

個案 9 | 空間適度留白
簡單中感受每一刻的美好······················076

個案 10 | 當空間回歸本質，
點點滴滴都是美好的生活印記······················084

個案 11 | 不落俗套
標註自我主張的個性居宅······················092

個案 12 | 低限度裝修，
轉身看見家的純粹美好······················100

個案 13 │ 形隨機能，
用設計滿足屋簷下的需求 ··· 108

個案 14 │ 柴米油鹽 + 嗜好
小而美好的家屋滿足學 ··· 116

個案 15 │ 風格跨界
舒適是生活共通的語言 ··· 124

CHAPTER 2 ————————————————
非關風格 Life Style 零裝感思考

Part1.　**Less/Blank** 留白美學 ·· 134
Part2.　**Simple/Pure** 極簡混搭 ··· 144
Part3.　**Nature/Texture** 自然原材 ··· 154
Part4.　**Lifestyle** 個人風格 ·· 162

CHAPTER 3 ————————————————
我要我的零裝感 百搭風格設計單品

沙發 ·· 174
椅 & 凳 ·· 179
餐桌 & 椅 ·· 184
室內照明 ·· 187
居家收納 ·· 190
傢飾雜貨 ·· 193

特別附錄 ————————————————
風格好店嚴選 ·· 198
適切生活宅設計師 ·· 202

CHAPTER 1

關於
空間與人的翻轉設計

CASE 1

簡約與現代古典隨興切換的塩系純白空間

撰文—曾家鳳
空間設計暨圖片提供— **KC design studio** 均漢設計

大器恢宏 vs 小家碧玉
想要有魚有熊掌的風格家居

　　由於從事貿易商相關工作，屋主常有機會飽覽各種空間風格，在考量自住的居家空間時，自然也有許多想法湧現，只是期待愈多愈容易感到迷失，尤其在保守與前衛的風格中格外猶豫不決，屋主本身雖然喜愛東方文華典雅沉靜的時尚設計感，但又想營造屬於居家的軟性生活風，若硬生生地將傳統古典風格放置在家宅空間中，雖有一時的優雅華麗，但長久居住卻又可能顯得略感負擔……

　　既想要與眾不同卻也擔心過猶不及，面對屬於自己的小宅邸，在風格之間舉棋不定，只希望在回歸生活的空間中，可以有一股悠閒風情流竄，於是也給了設計師不小的難題，如何能在大器體面與適切自在的環境中有所切換？風格如果不能包山包海，那麼哪些該捨棄、哪些又該保留？生活感能等於美感嗎？成就屋主的生活夢想宅，就倚賴設計師的功力！

Home Plan

55坪

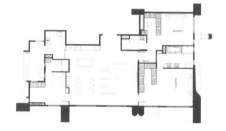

📍台北市 | 🏠新成屋 | 🧍夫妻、一個小孩
🧱三房兩廳三衛 | 🔨鍍鈦玫瑰金、大理石、薄石板、
線板、鋼琴烤漆、橡木實木地板

Case 1

1

褪去僵硬的空間銳角，創造流線與純白，一旦回歸生活本質，立面空間的設計思考可以更單純。

純粹美好的生活質感
其實沒有任何公式

在傳統擁護者與新潮追隨者無法取捨中，以設計的功力、手法的操作讓空間達到兩者完美結合，對空間設計師而言往往是最具挑戰的環節，但也是最能滿足成就感的事。**KC design studio** 均漢設計團隊，將此案主軸定調為「層次‧白」X「玩‧傢具」。首先在空間中透過深淺不同的白融合自然光影與建材紋理，細膩構築家居背景，並適度以裝飾線條豐富視覺，讓居住者能從中體會傳統與新潮交融的純粹風采。

若以為白就只是單純的白淨的話，那可就大錯特錯了！設計師特意用不同層次的白，堆疊出空間的層次美感，光是客廳的天花板、地板和牆面就分別加入鋼琴烤漆、鍍鈦玫瑰金、線板三種不種質材，在光線催化下，透過紋理顯現出光影變化的層次。

為了滿足屋主營造高挑而舒適的生活空間，設計師亦以各種層次的白底堆疊出爽朗透亮的氣場，再透過弧線柔化的天花板聚集眾人目光，優美造型也顯現在低調中強調細節的價值，形成難以言喻的典雅品味，身處其中更能細品低調奢華的樂趣！而且還兼具實用性，設計師把天花板拉高、再拉高，將冷氣室內機安置於玄關上方，冷氣風管直徑縮小但風管數增加，有效壓縮天花板厚度並維持冷房品質，再融合方圓的美感設計於其中，讓天花板成就敞朗空間，高挑中見柔和的圓弧之美。

有了純白的展演舞台後，就在傢具中玩點小花樣吧，同時也能藉此展現各種多重古典搭配的可能性，以古典與現代風混合的活動性傢具，來配合業主因應生活的即興變動與親友到訪時的調整，讓生活擁有更多趣味變化！

2

突破格局限制，餐、廚、客廳成為空間中一體的視覺端景。

3

把冷氣機具改置於玄關，可讓客廳高度往上延伸至少 **20** 公分，室內也顯得更寬廣氣派。

Chapter 1

關於空間與人的翻轉設計

圓融中式藝術成為特點

天花板以弧線柔化折角的尖銳感，創造中式圓滑天花板優美造型，其他空間再加入鋼琴烤漆、鍍鈦玫瑰金收邊、斟酌裝飾線條。

紋路拼貼結合欣賞與功能

為了營造空間中的多變風格，選擇帶有古典質感的線板，以三層立體的作工凸顯存在感，更透過仔細計算在適當處安置燈光，一舉兩得。

Ceiling

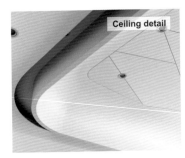

Ceiling detail

Space

Furniture

極簡中的畫龍點睛

因應屋主想要傳統中帶有創新的思維，設計師特意以開放式空間營造出乾淨的舞台，讓傢具風格變化空間增大。

Space

輕重比成就剛剛好的場景

純白而舒適的公共空間能提升室內亮度，搭配高明度色調的傢具則能讓視覺端景有了重點。

CASE 2

極簡清新
打造無印風格的
人貓新樂園

撰文—曾家鳳
空間設計暨圖片提供—三俩三設計事務所

貓多口雜
該如何打造皆大歡喜的家？

雖然屋主夫妻倆都屬於任職科技業的電子新貴，但在生活中並沒有嗅到太多屬於電子、科技等剛硬先進的氣息，也許是因為太太身兼流浪貓協會會長，所以生活空間中經常充斥著的，往往是動物活動痕跡，從一隻、兩隻到現在有了七隻貓咪一同生活，隨著數量一多，就很容易發生爭吵、家具被破壞、貓同伴們逼到角落的情形。對屋主來說，該如何讓人與貓、貓與貓都能和平共處，為空間中必須解決的重要問題。

然而在「貓口」偏多的顧慮下，屋主夫妻又誕生了小寶寶，家裡需要規劃的細節更多，加上還要滿足夫妻倆喜愛的生活機能，像是能有讓太太滿足料理慾望的開放式廚房，讓喜歡戶外運動的先生能有專屬放置單車、登山設備的地方等。在多方需求與空間生活質感的追求下，打造出完美七隻寶貝貓加上三個人的一家十口共享空間，正考驗著三倆三設計的設計團隊們。

Home Plan

32坪

📍 新竹 │ 🏠 屋齡約 30 年 │ 💺 夫妻、小孩、7 隻貓

🧱 兩房兩廳兩衛 │ 🔧 水泥粉光、紅磚牆、木頭搭配烤漆鐵件、少量紅銅裝飾

當嬰兒與寵物同處
在一屋簷下，既講
求機能也要透過設
計創造專屬一家十
口的生活感。

Chapter 1
關於空間與人的翻轉設計

有捨才有得，
捨棄私人空間成全寬廣舒適

　　這個案子設計師取名為「毛球・迴圈」，本身原為屋齡 30 年的老房子，在與屋主溝通後，一開始便以「能提供毛小孩們暢行無阻、處處探索的樂園」為初衷，同時解決老舊空間本身擁有的狹窄、陰暗等問題，三倆三設計事務所設計團隊大膽地打掉一間房間與公共區域的牆面，將空間規劃成「回字型」動線，解決暗處角落問題，即便貓咪被逼迫到角落，也能另有出入通道，同時也能讓寶寶長大學爬後，可以到處爬行，成為人和貓咪都可以和諧相處的溫暖居家空間。

　　書房則以極簡為原則，去除掉多餘傢具，並將櫥櫃數量降到最低，僅簡單地沿著窗邊架起閱讀檯面，連結櫃體平檯成為寬廣 L 型空間。與客廳區域看似可完全連結，但透過木頭折疊門片，隨時又能轉換為獨立空間，成為客房使用。其中還在鐵件玻璃門後方設置出口通道，走出後即可通往浴室和臥房，為貓咪安排好最佳遊走動線，串起整個「回字型」活動區域。

　　除了整體空間因應屋主想像中的貓咪新樂園外，在傢具需求上也下了許多功夫，由於過往一般家庭會使用的落地型櫃體在與動物一同居住下，很容易遭受破壞，所以特意把所有櫃體均離地約 30 公分設置，不僅不會被貓咪破壞，還可以降低空間視覺壓迫感。

　　三倆三設計事務所對於空間基礎想法是不過度裝飾空間，著重於符合屋主需求，創造自在生活，因此在引進自然光源提升老屋空間明亮度後，也強調以「原始自然的生活感」為基調，空間絕大部分色彩都以水泥素坯型態展現，再搭配溫潤木質色調，呈現家的暖和氣味。除此之外，綠色植物、綠色黑板漆以及電視牆面的紅磚等復古元素，在簡單之中不失專屬於家的獨有風格，形塑了一家 10 口最無需矯飾的生活樣貌。

用色調營造森林感官享受

選擇紅磚達到絕佳隔音、制震效果，
並在其下方木百葉櫃子放置音箱喇
叭，透過木百葉設計讓聲音得以清晰
傳達，木頭、紅磚再搭配上方綠色植
物，讓整體氛圍更加熱鬧溫馨。

素坯牆面簡單而有溫度

運用一半水泥一半木頭材質的雙組合
配置，創造寧靜溫暖的生活空間，大
面積木製書櫃，透過木百葉門片增加
通風效果，裡頭除了男女主人衣物，
還安排電視隱藏其中。

Living room

Reading room

Corner

Balcony

Corner

留白創意成就風格素顏

幾乎所有牆面與地面都採用水泥鋪陳，為了讓空間不過於冰冷，搭配木頭板材使用，客廳中央的斜拼海島型木地板以及木頭拉門，適時添加溫暖元素。

Balcony

老陽台也有個性

保留老房子原本陽台的樣貌，僅以簡單的方口磚與素坯地板構築這一方半戶外空間，簡單的盆栽吊掛就能展現十足生活感，半腰外牆則裝設了細鋼絲預防毛小孩一躍而下，由內而外都能安心。

把空間當畫布，
用個人品味
帶出家的味道

撰文—余佩樺
空間設計暨圖片提供—兩冊空間設計

花草香遇見書香
想在室內打造能蒔花弄草的溫室

　　屋主本身從事科技產業，在繁忙的工作之餘，平時喜歡研究各種時尚流行話題，對於品味居家、戶外生活空間等，皆有廣泛涉獵，關於專屬於家的自我風格有一番屬於自己的獨到見解，因此雖然買的是屋齡一年以下的新大樓，卻不想延用原本的裝潢設計，反而想要在居家空間中，融入自己的個性，將屋主本身對於傢具傢飾的喜好、個人蒐藏等加入其中，連結立面設計開創出自家獨一無二的風格。

　　此外，屋主平時就有著蒔花弄草的興趣，也特別選了具有極佳視野及充足採光的房子，如果能把屬於陽台的陽光、空氣及花草植物移進室內，就更臻於完美。只是在 39 坪的空間中，新增任何房室都容易影響採光，如何保留空間中的自然光線的優勢，以開放式設計製造更寬敞的效果，並在有限的空間中配置所適的機能，打造適於種養植栽同時溫濕度亦符合健康的居住環境，則處處考驗設計師的功力。

Home Plan

39坪

📍 新竹 ┃ 🏠 屋齡 1 年以下 ┃ 👤 1 人 ┃ 🏠 玄關、客廳、餐廳、廚房、主臥、書房兼溫室、衛浴 ┃ 🔨 樹脂砂漿地坪、清水模、沃克板、超耐磨地板、玻璃、不鏽鋼

1

屋主喜歡種植各類
植物，於是設計師
將其中一房改為溫
室兼書房，透明拉
門設計，整體更顯
寬敞明亮。

Chapter 1
關於空間與人的翻轉設計

27

以輕盈透明感包覆個性與需求，
打造個人專屬居心地

　　現代社會資訊相當發達，閱聽眾往往能夠透過不同方式取得各式想知的訊息內容，兩冊空間設計 **2books space design** 設計師翁梓富談到，本案屋主對於居家、戶外生活空間等資訊具有高度興趣，且有多方涉獵，因此在規劃空間時，便希望能將屋主的居家選品喜好融入空間設計的機能之中，甚至設計風格也能與此做一結合。翁梓富進一步補充，已大概知悉屋主的選品喜好，便決定以簡單風格取代繁複細膩，用舒適、隨興的設計勾勒空間光景，因為設計一旦複雜，則將無法突顯這些選品，亦會讓整體更顯凌亂。

　　於是，設計者以色系來構成空間，以淺灰色調搭配白牆調配出空間的色彩比例，白色突顯淺灰色調，而淺灰色則能映襯各式選品、傢飾，不讓空間搶走物件的風采。至於屋主的個人蒐藏，翁梓富當然也沒忘，於大面窗的牆中，以內凹方式並添入層板形塑出電器櫃與展示櫃，櫃體巧妙地收於立面之中，不但兼具收納與展示功能，又能留給空間流暢的生活動線。

　　雖然設計師以色系來構成空間，但也能夠看到他為了彰顯色彩面積與線條之間的厚重感，刻意將銜接面做了脫開動作，並在其中加入玻璃材質，藉由質的創造色系之間不一樣的立體度和線條表情。

　　至於在格局上，便將其中擁雙面採光的一間臥房改作為溫室兼書房，對應的隔間也以透明拉門做處理，讓這空間隨時能有陽光的照拂，攤開時也能向公共區延伸出去，讓整體更加通透明亮。另外，則還有稍稍調整臥房部分，適時地將隔間牆位置做了點變更，在拉齊與其他牆面的水平線後，多出來的空間剛好用來配置中島吧台，以及電器櫃等設計，讓生活所需的機能以更加完善方式存在。

2

屋主本身對生活頗有想
法，於是設計者選擇讓
空間色調單純化，藉以
彰顯傢具、飾品、蒐藏
物的存在感及特色。

3

為了能彰顯空間線條的
厚重感，設計者刻意將
銜接面脫開，並在其中
加入玻璃材質，帶出不
一樣的立體度。

4

讓空間色調表現不過於
繁複，僅以白、灰兩色
呈現，為的就是要突顯
出屋主個人的選物喜好
與品味。

Chapter 1

關於空間與人的翻轉設計

29

留白展現選品最純粹的姿態

設計者清楚知道屋主的個人選品、蒐藏是空間中的主角，因此，選擇降低風格的介入性，透過色系鋪陳以及結合留白方式，以低調展現這些傢具傢飾的美麗姿態。

材質簡化讓空間鋪陳更具層次

除了風格，設計者也擔心材質過度的使用會影響到整體，因此，從雷同色系出發，以不鏽鋼、沃克板、樹脂砂漿等來做表現，同個色階中，藉由不同質地來帶出層次感，也讓空間清新更無負擔。

Furniture

Space

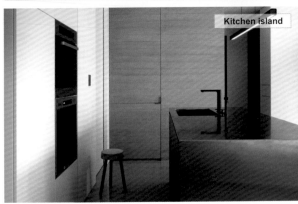

Kitchen island

Sliding door

Kitchen island

微幅調整讓立面線條更乾淨

拉齊原臥房隔間牆與其他牆面的水平線後，不但讓立面線條收得更乾淨，多出來的空間也剛好用來配置其他收納機能，充足的機能滿足生活需求，整體使用環境也很寬敞流暢。

Sliding door

彈性拉門讓通透得以再延伸

空間裡剔除了部分隔間牆後，以開放式設計規劃公共區域，藉由傢具來區分出客廳、餐廳、中島區等空間，共同呈現出寬敞的效果。一旁的溫室兼書房，同樣也玻璃彈性拉門為元素，讓通透感得以再延伸。

CASE 4

廢棄廠房重生
還原空間最舒適
純粹的樣態

撰文—余佩樺
空間設計暨圖片提供—伍乘研造有限公司

想在剛硬水泥線條中
打造適於老中青三代同住的家

　　這間屋齡超過 **30** 年以上的舊廠房，原作為廠辦兼住家使用，隨廠房搬遷、擴增，便空出了這個近 **60** 坪的空間。為了不浪費，屋主希望能讓這閒置空間再做有效的整合運用，能作為屋主一家老老小小、三代同堂的居住場所，因此便求助伍乘研造有限公司，希望透過專業室內設計團隊針對居住者的需求與生活型態，將廠地重新規劃、重新配置。

　　原本容納大型機具、提供作業製造的區域，如今得搖身一變成為居住空間，設計團隊需一一解決環境中先天的缺點：老廠房屋型屬於長條型，當初為符合室內作業需要而建造，但若要居住，則需要改善採光、通風不佳的問題，整體室內環境也需要更通透明亮才能切合居住條件。而舊廠房原結構是 **RC** 結合鐵皮屋，鐵皮材質足供廠房運作所需，但對於居住生活而言則在隔熱、隔音上未盡理想，需要藉由材質的搭配運用，進一步改善隔熱問題，也才能有更舒服、適宜的居住品質。

Home Plan

55坪

📍 新竹 ｜ 🏠 屋齡 30 年以上 ｜ 👤 5 人（三代同堂）

🛋 客廳、餐廳、廚房、臥房、衛浴、工作室、洗衣間、陽台、後院 ｜ 🔨 合板、**OSB** 板、水泥、鐵件、不鏽鋼、**epoxy**

從格局配置到材質運
用，設計者傾向以簡單
設計為主軸，用最質樸
的材料如：合板、水泥、
鐵件等，帶出空間最純
粹的美好樣態。

Chapter 1
關於空間與人的翻轉設計

從居住視角思考
以減法重新賦予家的質感

負責規劃的伍乘研造有限公司設計師黃志凌談到，原廠房屬住辦合一的性質，而今改以住家為主，那麼整體的格局配置，就得從居住家間思考起，才會更適切同時也貼近生活需求。

黃志凌近一步談到，原廠房前半段是 RC 結構、後半段則是鐵皮屋，盡可能地保留整體結構，為的就是留下屬於屋主一家人對空間的記憶，最後僅去除了一部分的鐵皮屋部空間，一來創造出室外庭院的設計，二來也借助空間的適度切割與釋放，能夠將好的光線、通風等導引入室。屋主擔心的隔熱問題，黃志凌在評估過後，選擇在光照受面影響最大的屋頂處加設了防熱毯，用以加強隔熱，更讓熱源不會直射入室，也間接改善悶熱情況。

至於在格局配置上，除了因應三代同堂的多數人口需求，另每逢過年過節屋主家中也有不少親友來訪，因此選擇拉大 1 樓公共區的使用尺度，以開放式設計串連廚房、餐廳、與客廳，寬敞的環境，無論是一家五口使用，還是親友來訪都很便利；考量到長輩使用問題，則將 1 樓後段區規劃為孝親房。至於 2 樓則為以私領域為主，含括了臥房和工作室。

設計者明瞭空間是承載一家人的生活容器，最終仍應該以使用者為軸心，因此，在調性設計上傾向以簡單設計為主軸，選以最質樸的材料，如水泥、鐵件、不鏽鋼、合板……等，不在表面材上做過度裝飾，除了能與保留舊元素手法部分做呼應外，另也帶出住宅空間最純粹的美好樣態。

提供一家人更舒適、寬闊的居住環境，同時鬼斧神工讓原本老舊的廠房環境有了新的價值。

2

適度保留原廠房的結
構,為的就是能留下屬
於屋主一家人對空間的
記憶與回憶。

3　4

設計者做了釋放部分鐵皮屋空間的動
作,這樣的方式不但有效地將光線、
空氣導引入室,也改善長型環境採光
與通風不佳的問題。

釋放手法找回空間該有的光感

設計者適度地去除了一部分的鐵皮屋
空間，一部分用來創造出室外庭院區
域，另一部分也因為空間的釋放關
係，將光、空間導引入室，成功地找
回長型空間該有的明亮感。

彈性隔間提升使用效率

公共區以開放式設計為主,但顧及仍有短暫隔間需求,設計者仍搭配使用彈性隔間材來做環境上的畫分,拉簾拉起即能形成獨立區域,當拉簾打開則能與其他空間合而為一,而隔間材本身也不會佔據多餘的空間。

因應需求重新思考室內布局

屋主一家人口數較多,再者逢年過節也會有親友來訪,為了提供便於互動交流的環境,特別將餐廚區移至格局的前端,並加入中島設計,構築出回字型動線,無論一家五口使用還是親友來訪,使用上都很便利。

CASE 5

秉持生活初衷
以零裝感設計
向歲月致敬

撰文—Jeana Shih
空間設計暨圖片提供—合風蒼飛設計工作室

轉角遇見的老後歸屬
由舊創新磚磚瓦瓦都是學問

　　這是位於中部文教區一戶巷子轉角的房子，委託設計的是一對老夫妻，膝下三名子女尚在求學階段，當初喜歡這裡的僻靜與大學校區旁便利的機能環境，於是選擇定居在此，買下了這戶屋齡高達 **50** 年的透天老厝，三層樓的大小與格局正好適合一家五口居住，也能讓年屆退休的屋主夫妻作為未來養老場所。

　　改建前因久未居住，房子幾乎接近荒廢頹圮的狀態，面對如此高齡的老宅，百廢待舉，屋主夫妻最大的願望就是希望藉著設計團隊讓老屋回春，打造舒適的現代格局；而年輕時忙於做生意的夫妻倆，如今處於半退休的狀態，平時喜歡單純自在的生活方式，於新空間的要求不算複雜：「就算犧牲些室內地坪也無妨，想要打破內外界限，攬進戶外的空氣與陽光的家宅。」此外，家裡的三個青春大孩子除了要有獨立寢室空間外，屋主夫妻也希望公共區域能多些開放設計，讓全家人可以無阻礙的共處一室。

　　忙碌了大半輩子，如今苦盡甘來，總算能在自己喜歡的土地上打造屬於自家的小天地，夫妻倆計畫著在此攜手共度老後的每一天，對打造家園的合風蒼飛設計團隊也有著相當的期許。

Home Plan

65坪

📍台中 ｜ 🏠屋齡約 **50** 年 ｜ 👪一家 **5** 口

🛋 客廳、餐廳、lounge 閱讀區、廚房、主臥、客臥、
起居室 ｜ 🔨木、混凝土

與一般擴大室內地
坪反其道而行,本
案外牆微往內減縮,
擴大戶外庭院面積,
同時增加大型植栽
與綠籬,讓建築立
面更為柔軟親切,
綠化社區轉角。

Chapter 1
關於空間與人的翻轉設計

轉化光陰、復舊如舊，
用風與樹的自然紋理勾勒生活情趣

　　此案是一棟 **50** 年的老屋改造，在與屋主夫妻溝通時，一開始只是單純的從活化老屋的現代化設計為出發點，然而現場考察才發現其間充滿了台灣早期珍貴的建築語彙及建築材料，因此，設計團隊以「保留並賦予新生命」的態度切入，希望完整將「帶著歲月痕跡的美感」保留下來，同時設計出符合現代生活期待的住家。合風蒼飛設計工作室的主持設計師張育睿表示：「留住歲月痕跡的同時，以更自然、謙卑的手法誘發出人文美感才是老房子設計的本質。」

　　然而重新賦予老屋新生命的細節與考驗甚多，不只需要重新創建，更有大量需要捨棄的部分，「原本房子有大量加蓋的鐵皮，腐朽氧化不僅有礙觀瞻，也令人不安，都是需要拆除的部分。而部分地面竟保留了 **60** 年代老花磚，儘管已停產卻彌足珍貴，「於是決定一塊塊修補立面，保留住美好的歲月痕跡。」

　　如此一磚一瓦每個細節都少不了取捨與考量，設計團隊決定「復舊如舊」，將珍貴的古早人文氣息好好保留，並進一步依屋主的生活模式，將室內融合戶外呈現零界限的開放場域，與訪客們可以在這樣的空間中自在互動，透過這樣開放場域也能讓全家人關係更緊密。由於屋主重視家人間的互動與交流，設計團隊在格局設計也格外用心，不僅捨棄隔間，更將二、三樓房間縮小，作出樓面的公共起居空間，並以「仿樓中樓式」的手法，挑空連結二、三樓，創造樓上樓下的互動。

　　合風蒼飛設計團隊將這個案子取名為「侘寂（日文 **Wabi-Sabi** 發音）」意指去除不必要的東西，追求事物的本質，但不要抽離它的詩性；保持純淨，但不要剝奪事物的生命力。這，也就是團隊們設計這棟老房子的初心。

2

為串連室內外，設計師
將落地窗內外 **50** 公分
處以木造架高，仿和式
設計可讓人自由在此坐
臥，內外無界限。

3

設計師以楓樹、無患子等在
一至三樓安排不同的植栽，
除了創造綠意窗景外，更藉
由樹蔭形成自然的屏障，減
少西晒同時強化隱私。

Chapter 1
關於空間與人的翻轉設計

45

動線格局充滿生活感

規劃為公共區域的一樓，以開放式設計為主軸，採迴遊型動線大量大地原木色與混凝土牆的構築呼應著窗外綠意，內外自然氛圍一氣呵成。

1st floor

Bookcase

就著風與陽光自在閱讀

一家人都有閱讀的嗜好，對電視影音的需求反而沒那麼高，因此設計了頂天書牆，將此區作為可隨意坐臥的閱讀區。

Window

對內窗讓室內互動零距離

二至三樓房間特別以挑空手法創造對內窗，即使在房間裡也能與房外有所互動。

二樓起居室明亮採光

二樓除了房間外，仍有簡單的起居室，以「一窗一景」的概念，賦予每個空間都有專屬綠意框景。

複層綠化打造樸實的生活底蘊

逐層退縮綠化的設計手法，為居家製造更多半戶外活動空間與室內遮陰，增添自然美好的樸實窗景。

Window

Room

私領域保有寧靜安適

房間坪數不大，房內僅保留基本睡寢傢具，搭配濃密楓樹遮蔭，創造渾然天成的靜謐。

Pattern

透過窗子互通有無

逐間與房間、樓上與樓下，全家人都能有暢通的互動管道。

CASE 6

繁華水泥叢林中
打造屬於家的
一方清心之所

撰文—曾家鳳
空間設計暨圖片提供—二三設計 23Design

卸下繁忙之後，
只想有個零壓力懶人小窩

　　第一次擁有真正屬於自己的「家」，對於雙薪小家庭而言可說是人生大事，但對年輕的屋主夫妻來說，家的詮釋並不複雜：「只希望是在結束一整天繁雜媒體企劃工作後，能夠靜心放鬆處所，簡單、寂靜而有著一份暖心感；到了假日可以看著窗外光景隨性放鬆，抑或遇到朋有來訪時，也能作為一處別具溫馨感的招待場所。」屋主如此表示著。

　　乍看簡單且基本的想法，對於設計師來說其實要考慮的則更多。以此案 **20** 坪左右的坪數規模而言，對於一家 **2** 口並不算小，但是由於空間僅有客廳單一光源，能收納的光線也就十分有限，也間接造成室內較為狹窄的錯覺，只要傢具傢飾櫃體一多，再怎麼斷捨離空間都還是顯得混亂擁擠，想要住的自在輕鬆，不想老是得收拾打掃，除了得統整生活動線外，以有限光源製造無限光感，並收拾可能複雜的立面線條，提升收納機能並打造極簡舒適的端景，都是設計師需要一一克服、突破的訴求，想要擁有「極簡無壓」說來簡單，卻也不簡單。

Home Plan

---

20 坪

📍台北 ｜ 🏠屋齡約 5 年 ｜ 👤夫妻

🧱兩房兩廳一衛 ｜ 🔧系統櫃、系統板、天然鋼刷木皮、珪藻土、長虹玻璃、灰玻璃、灰鏡、鐵件、人造石、壁紙、調光捲簾、超耐磨木地板、現成傢具

1

開放式廚房埋藏了
大量收納空間與用
電管線,既可招待
友人來訪,也是小
夫妻平時看書滑機
閱讀場所。

Chapter 1
關於空間與人的翻轉設計

53

採光與格局
是啟動光、淨、透的空間核心

　　二三設計師張祐綸表示，「生活為主、風格為輔」是設計團隊一貫秉持的基礎精神，為了因應屋主希望讓陽光在空間中盡情穿梭，彷彿能看見精靈在這座室內簡約森林中忘情漫舞的構想，特意運用最簡單的材料與無壓的色調，打造有生活感的空間立面，木、土等自然材質，也扮演了重要角色，設計師運用溫潤的木質地板、天然實木餐桌及淡灰珪藻土牆、刷白復古木門板等創造出小坪數空間中整體色調協調性，無形中也達到放大空間效果。

　　此案中最大關鍵在於「採光通透」、「開放格局」，原本格局中位處在空間中段的房間隔絕了光線，讓廚房成為黯淡無光的死角，於是設計師大膽打掉部分牆面，以透明玻璃隔間取而代之，不僅放大了空間，更放生了光線，讓廚房餐廳區重回明亮的懷抱，讓朋友來訪、小倆口浪漫晚餐時，也都能有戶外窗景映襯。

　　設計團隊進駐時間因為個案不同皆有所差異，因此配合施工時間巧妙搭配系統櫃也是關鍵，若能妥善規劃大小不同櫃體加上層板、適當電線線路規劃，即可在一定預算內滿足大量收納需求。開放式廚房內除了櫃體牆、矮櫃，就連吧台都有完整收納規劃，而房間內女孩們最需要的充足衣帽收納也毫無遺漏。除此之外，巧妙在空間線條中，包含天花板、鐵件、系統櫃上以黑色紋路加以串搭，成為室內空間的最佳點綴，創造設計風味。

　　誰說簡約就一定要有條不紊？當設計師重新梳理了空間線條之後，完整架構下隨意的物件擺放反而多了生活特有的韻味，隨處散落的書報雜誌、隨性擺放的藝術收藏、享受到一半的咖啡甜點…不必忙著整理，下班後的生活本來就該如此放鬆、愜意。

<table>
<tr><td>2</td><td>3</td><td>4</td></tr>
</table>

2
局部打掉牆面改以鐵件
玻璃隔間,不僅拓寬了
光線,更創造出空間中
的穿透性。

3
緊臨客廳的小空間既是
書房也是起居室,可作
為未來的兒童房。

4
木質門框延伸為床頭背
板,佐以暈黃的間接光
線,打造寧靜舒適的臥
室環境。

單一風格牆面混搭木紋地

為因應家居空間是屋主下班回家後的
小小天堂，特意採用木地板快速營造
空間中的溫馨感，搭配單一顏色牆面
不僅可維持空間風格，又能百搭其他
裝飾品。

Wall

Windows

戶外風景成為室內端景

最美、多變的空間裝飾就是時時都在變的戶外景致，因應屋主喜好戶外風景的特性，設計師張祐綸大膽簡化裝飾，展現戶外隨風搖動的律動感。

Cabinet

懸浮櫃體輕化轉折空間

進門處上下櫃組設計多了簡單的置放平檯，不到底的櫃體則讓空間展現通透，也讓原有的立面線條更顯輕盈。

CASE 7

黑白灰的色階
藏進萬紫千紅的
生活視野

撰文─劉真妤
空間設計暨圖片提供─工一設計

全天候共處的 Soho 小天地
就是要所有願望一屋滿足！

　　屋主是一對從事廣告影像設計的職人夫妻，喜歡舊貨與老東西，興趣是收藏線條優雅的設計品牌單品，選擇老公寓作為起家厝，正好使他們的品味與預算現實達到理想的平衡。

　　由於 SOHO 族較為彈性的工作形態，經常使得兩人得長時間待在家中，空間必須兼顧嚴肅與放鬆兩大功能：既可以集中精神工作，又能在此舒緩安適的生活，同時要有足夠空間收納各種收藏、CD 及圖書。兩人生活作息方面，至少早餐和中餐會在家料理，因此廚房也需具備十分重要的核心機能。此外，為了顧及訪客或未來增加的家庭成員，夫妻倆也堅持要兩個洗手間。

　　僅僅 20 坪左右的屋子裡，得要符合工作需要，又要滿足生活需求，同時得擁有懷舊老味道，多個願望一次滿足，因而找上同樣年輕卻有多次精彩小空間經驗的工一設計，就是希望以他們擅長的簡約線條與對材質精準的掌握，打造出彰顯主人風格的特色小宅。

| Home Plan |

20坪

📍台北 ｜ 🏠屋齡約 20 年 ｜ 🚹夫妻
🧱兩房一廳兩衛 ｜ 🔨天然鋼刷木皮、珪藻土、灰玻璃、
鐵件、調光捲簾、超耐磨木地板

工作室兼住家的格
局裡，簡便的餐廚
平檯取代了傳統廚
房熱炒區，在開放
空間下一切簡約得
合情合理。

Chapter 1
關於空間與人的翻轉設計

還原生活的基本起點
以不變應萬變滿足所需

　　對於格局，工一設計團隊的經驗發現，現在年輕人生活配置的要求與過去不同，對於多用途需求的規劃，「還是回到原點，從理解主人的生活形態出發。」張豐祥設計師説，小空間公共區域適合開放空間設計，讓光線和空氣流通，考量屋主在家主要是在桌前工作和使用廚房，設計師將廚房和鄰近的餐桌兼工作桌放在通風採光最好的角落，讓從事不同活動的兩人也能互動。

　　而在風格上，「面對不同案子，設計師就像演員，要演好某個角色，這個角色就是空間的風格。」張豐祥説，工一的設計師們樂於接受業主提出的形形色色需求喜好，讓雙方的想法碰撞產生火花，呈現出不同的空間樣貌，「我們大多做完成度高，較為細緻的作品，比較少碰到舊物挪用或是隨意的風格。」喜歡老東西的屋主堅持留下來的舊鐵窗，成為本案的發想點。鐵件適合搭配不需精細修飾的 LOFT 風格，正好也是符合屋主品味和預算的選擇。

　　此外，當中的溝通是一大關鍵點，「省什麼會造成什麼效果，須先説清楚。」設計師説，例如書櫃背牆直接打鑿上漆，不做天花板，整理過的管線和黑鐵訂製燈具，展現出粗獷不羈感；櫃子的木夾板只上保護漆不貼皮，不需要昂貴的實木，就能創造出溫潤的居家氛圍，同樣木頭材質的洞洞板也是兼顧居家與工作室兩用功能性的實惠選擇，作為鞋櫃與冰箱門板，透氣又可自由吊掛東西，處處都是設計師的巧思。

2

大門進來自陽台而入的動線，同時
以舊復舊，將屋主在老厝中收集的
鐵花窗重新修補製作，成為為進門
時最具創意的舖陳。

個人收藏融入空間設計

主人有為數不少的書籍,以及黑膠唱片、CD等音樂收藏,為了讓收納櫃看起來不枯燥單調,密度不均,採用大小大小不同高度間距交錯的設計,適用不同尺寸收藏品。

桌椅一物多用拉高生活坪效

比起沙發電視,這裡的一桌二椅既是工作區,也是用餐、休閒聊天的地方,是開放空間中最重要的核心區域。

Living room

Dining area

Entrance

Entrance

Corner

Entrance

古意十足鐵花窗形塑個性端景

超過 **30** 年歷史，後陽台充滿時代感
的鐵窗，屋主捨不得丟掉，拆下來切
割成兩半後經過銲接和防鏽處理，成
為特色鮮明的玄關分隔。

Corner

窗邊平檯展現適切生活

從廚房區延伸至窗邊的平檯，擺放了
咖啡機及簡單的輕食，迎合綠葉扶疏
的窗景打造工作之外極愜意的小角
落。

CASE **8**

崇尚減法自然
獨一無二的
無印風住家

撰文―劉真妤
空間設計暨圖片提供―敘研設計 DESN

一切雜亂速速遠離
只想實踐斷捨離的新居住思維

年輕的吳先生和吳太太，給人的感覺就跟他們的家一樣：簡單、清新、樸實，然而他們可是做足功課，釐清自己對於居住的真正想法，才透過朋友介紹找到敍研，好好將這間高齡 35 年的老屋改頭換面整修一番。

裝修前的房子被當成長輩的倉庫，連擠出讓孩子安全玩耍的區域都很困難，屋主夫妻又看到住在樓下類似格局的親戚裝修，用儲物櫃塞滿每個牆面之後，夫妻倆充分體會到這不是他們想要的生活，於是悉心鑽研減法裝修哲學，厲行雜物斷捨離心法，連平常習慣被要求「收納多一點」的設計師都驚訝不已。

而重視親子互動居家生活的屋主夫妻，也不像一般家庭習慣以客廳的沙發電視作為生活核心，反而把餐廚空間擺於首位，幾乎餐餐都在家料理讓廚房的重要性高於一切，可以做功課、用電腦、畫畫看書的大餐桌就成了這個家的裝潢重心。

Home Plan

20坪

📍台北 ｜ 🏠屋齡約 35 年 ｜ 👤夫妻

🛏兩房一廳兩衛 ｜ 🔧天然鋼刷木皮、珪藻土、灰玻璃、
鐵件、調光捲簾、超耐磨木地板

除了純白就是自然，將空間中使用的元素降到最低，只要有自然光線的搭配，就能成就最完美的生活感。

Chapter 1

關於空間與人的翻轉設計

加法與減法之間
家的輪廓只有住的人最知道

　　「某個程度上，是屋主在教我怎麼減掉東西。」敘研設計師陳建廷說，過去主要的作品都是商旅空間或豪宅，往往是強調的是風格與設計，遇上對於家的想像很明確的屋主，其實是個相互學習摸索的經驗，在每次都長達兩三個小時的開會討論過程中，合力描繪出家的輪廓。

　　屋主喜愛閱讀和音樂，擁有大量書籍和卡帶收藏，大面書牆是第一個不可妥協的需求，然而格局規劃卻沒有想像中的順利。在一次次無法順利的被接收受的提案中，設計師發現解法其實跟需求一樣單純：「他們只想要一個全家人可以共用的空間。」不用是傳統的客餐，廚房餐廳分割，設計師將整個公共區域作為一個整體的空間規劃，通風採光最好的一面留給核心區，對於吳家來說就是烹飪與各種親子共同進行的活動的地方，開放式廚房加上一個多功能的大桌子是最理想不過了，在廚房忙碌的父母還能看得到孩子，沙發上的與餐桌前的人可以對話，隨時一家人都能輕鬆互動，就是屋主理想的共用空間。

　　規劃獨立的儲藏室，是另一個屋主的堅持。

　　這固然是實現不被儲藏櫃壓迫、清爽輕盈無印風的主因，能夠貫徹簡單生活，自有一套收納哲學才關鍵。「空間不是設計師創造出來就完美了，住的人怎麼經營這個空間，讓物品維持在恰到好處的量。」設計師說，屋主深諳這樣的減法生活哲學，過去做豪宅全部都得這遮起來，做到滿的習慣，在這裡並不適用，例如因為孩子還小，還沒確定用途的空房間，保持乾淨狀態，反而可以靈活運用。自己家，不需要過度裝飾，簡單一點就好。

| 2 | 3 | | 4 |

連接陽台光明敞亮的餐
廳是家中最精華的角
落。

綠色植栽與自然光線相
得益彰,簡約中透著舒
適有氧的氛圍。

忠於自然的原色定調風格

牆面以屋主喜歡的無印良品收納櫃組
成，整體空間與主櫃相符的色彩及材
質，搭配丹麥 **Muuto** 傢俱，造就十
分自然溫暖的氛圍。

Wall

Cabinet

隱藏式手把置物櫃

中島旁的三面開電器置物櫃,設計師
堅持將面對餐廳的方向的櫃門採用隱
形門設計,櫃門櫃身合為一體,沒有
把手或其他線條破壞視覺上的整體
感。

客廳的多元應用

不設置電視的客廳少了聲光嘈雜喧
鬧，是屬於孩子最完美的遊戲房。

Room

Bathroom

Bathroom

Room

充分利用空間收納

臥室橫樑深達 **75** 公分,設置了大片置物櫃,天然橡木原色調性,一點感覺不到厚重。

Bathroom

三段式日式浴室

為了滿足屋主想和孩子一起泡澡的願望,擴充原本的主臥浴室,以玻璃隔間維持視覺通透,讓人在家也能享受日式風呂的樂趣。

CASE 9

空間適度留白
簡單中感受
每一刻的美好

撰文—李寶怡
空間設計暨圖片提供—樂沐制作 The MOO

短期居住
也有各種機能的迫切需求

　　屋主一家人生活重心多在中部，因為孩子北上工作，再加上自己因為工作關係，三不五時會北上出差開會，因此才想在北部購買一處臨時居住空間，讓孩子及自己有一個可以偶爾在北部停留時休憩的場所，因而看上這個室內坪數不大但擁有庭院空間且光線甚好的挑高小宅。

　　雖說是作為短暫居住的場所，但屋主希望打造成休閒度假的氛圍，除了滿足睡眠的基本需求外，其次就是希望餐廚區域中能有個大中島，滿足自己北上時，能做菜給孩子吃的心願，或者邀請親朋好友一起來此吃吃喝喝，因此環境要容易整理清潔。

　　而且對照中南部的乾爽氣候，很擔心靠近山邊的住宅太過於多雨潮濕，容易致使屋內東西發霉，因此採光及通風的機能也成了屋主對於設計師的重要需求，小而美的房子雖然有不少先天優勢，不過在屋主一家務實的基準點下，仍有不少任務需要一一克服。

Home Plan

15坪

📍北部 | 🏠3 年毛胚屋 | 🧍2 人
🧱兩房兩廳一衛 | 🔨鐵件、水泥粉光、實木、系統傢具、磁磚

從餐廳區與延伸而
出的中島兼長餐
桌,是全家人互動
的核心,特別保留
天花挑高空間,以
放大此區的視野。

Chapter 1
關於空間與人的翻轉設計

坐看光影移徒，
感受歲月靜好的悠閒時光

　　這是間四米高的挑高小空間，並在毛胚屋時即進行規劃。有鑑於屋主不以長住為主而是以度假空間做設定，因此減少許多日常使用機能考量，反而能將重點放在明亮、舒適的休閒氛圍為主。於是考量小坪數空間的結構，室內格局決定採開放式設計，讓所有的動線及隔局以窗戶平行為主，使光線得以傾瀉進入每個角落。於是採鐵件鏤空扶手與鋼構懸浮階梯的線條，成為牆上或立面裝置，順勢帶出了空間的高度。

　　整體空間以淡雅的灰與白，結合溫潤的木質色，構築出溫暖的基底，並擺設一張水藍色沙發，挹注一股清新感受。同時，藉由線條的建構、量體依牆幻化無形的妥善配置，讓空間維持寬闊度且兼顧基礎機能。一樓採開放式的客廳、餐廳、廚房串聯成一氣，並因應屋主需求，以中島作為居家主角，藉著靠窗挑高空間的位置承攬明亮氛圍，再將櫃體機能整合於量體及立面，落實乾淨有序的格局配置。

　　延伸至二樓，嵌入懸吊式的鐵架樓梯及通透設計的黑色鐵件線條，使上下兩層樓的光線及視線大方串聯，並將上層作為私領域的寢臥空間，除了睡眠機能外，也規劃成簡約的書桌、簡單的收納衣櫃，以核心傢具圍塑出專屬於居住者的人文私密空間！

　　隨著動線一步步上升或下降，看著空間與光影移動，沒有華麗的材質去干涉這自然的變化，展現出人在這空間裡最原始的表情——如空間主角的中島，如同一場場舞台，每天料理著美味的佳餚，讓坐在吧台椅上的人們在享用時，可以看著窗外放鬆心情，而大面落地窗簾像一畫布，襯著家具，構成一幅美麗的畫；家，由屋主創造出他夢想中該有的樣子，也是使人最放鬆自在的空間。

以中島為居家主角營造生活感

顧及屋主的需求,因此將全室的重心——即四米高的挑高空間區域,規劃成為開放式廚房及中島區,並將收納及使用機能整合在櫃體及中島量體裡。然後依此為放射點,串聯至每個空間——如開放式客廳、連結樓梯至二樓私密空間、推開落地門至戶外庭園露台區等等。

Kitchen

Furniture

用高彩度傢具妝點低調空間

由於整個居家色調採低彩度搭配，例如牆面及地板採灰色系鋪陳，且所有櫃體及天花採白色基底，搭配溫潤的木作線條切割，因此透過彩度高的家具，例如有情門的水藍色沙發，或線條感強的設計系家具搭配，成為空間亮點，也為居住環境增添生活品味及人文情趣。

Entrance

挑高玄關拉高視覺、滿足收納

有鑑於玄關那道牆是西晒關係，因此刻意讓玄關完全挑高，保留四米的高度，將因西晒熱傳導隔絕。同時將鞋櫃及收納櫃體做到上層，以滿足機能，並拉大空間的視覺效果。保留建築原始窗戶的採光進入室內，在木百葉的襯托下，營造光影氛圍。

當空間回歸本質
點點滴滴都是
美好的
生活印記

撰文—余佩樺
空間設計暨圖片提供—木介空間設計工作室

簡約鋪陳下
需要包山包海的生活機能

　　這是間屋齡約 **16** 年的中古屋，**29** 坪大的空間裡，擁有標準的 **4 房 2 廳 2 衛**格局，且居住人口單純，僅屋主夫妻兩人，規劃出適得其所的空間不難，然而夫妻倆本身從事設計相關工作，多半時間在家工作，因此除了居住，空間還要擔負起適於工作的機能與環境，如此情況下，期盼能透過設計重新梳理空間，同時也配置出適合兩人的環境。

　　此外，屋主也希望空間的調性偏向以日式並帶點工業感為主，選擇這樣的設計表現，為的就是要減少過多的裝飾，並讓生活環境回歸單純，在這樣的風格下，既可以藉由個人蒐藏、家人的生活軌跡等來做妝點，甚至生活裡的日常收納也能夠與美感並存，讓「家」不只有回歸使用者，甚至還有真正生活的感覺。

Home Plan

29坪

📍 台南 ｜ 🏠 屋齡 16 年 ｜ 👤 2 人

🛋 玄關、客廳、餐廳、廚房、主臥、更衣室、儲藏室、衛浴、陽台 ｜ 🔧 塗裝板、超耐磨木地板、塗料

由於房子的使用人口僅夫婦
倆，設計師選擇將部分房數
釋放，創造出一大客廳的形
式，讓他們能在寬闊、舒適
的尺度中自在生活。

用減法釋放侷促窘迫的設定
還原生活所需的基本空間

　　木介空間設計工作室設計師黃家祥談到，由於該空間的使用者僅屋主夫妻，再者也希望賦予倆人舒服的起居兼工作環境，因此初步規劃便將未使用到的房間坪數釋放出來，在經過重新安排後，整體只剩下 1 間臥室，至於客廳、餐廳兼工作區、廚房則串連在一起，形成一開放式的 LDK 動線。黃家祥補充，這樣的構成，無隔牆機能被整合在同一側，至於需要實體隔牆輔助的衛浴、儲藏室等，則是安排在對側，有秩序地配置空間中的使用機能，同時也能夠讓起居、工作的使用屬性被清楚的定義出來。

　　至於在風格安排上，因屋主傾向以日式帶點工業感為主，於是，黃家祥盡可能地不做過度的裝飾性設計，適度地在部分牆面、櫃體、地板以木元素做表現，讓環境透出些許的溫潤感，而天花板也大膽地以直接裸露方式呈現，一來可以清晰地呈現出空間淨高，二來也能藉由本身天花線條讓視覺更具層次。

　　既然是實際生活的空間，有「生活感」是理所當然的事情，不過黃家祥也談到要展示出生活感，那麼在櫃體其實要有計劃性的安排。可以看到在空間中配置了更衣室、儲藏室，為的就是要讓相關的衣物、大型物品等有秩序地被歸放，甚至其中也不做過多的設計，以衣櫃為例僅做了簡單衣桿，為的就是讓屋主在真正入住後，可以再依需求添加活動抽屜、收納盒等，讓收納多了點自主性。至於其他個人蒐藏、生活物品等，則用一些展示櫃、活動櫃體來化解，甚至書架也不做了，直接讓書本成落成落地堆疊擺放，帶點隨性、不造作的味道。

設計者賦予空間機能雙
重功能，讓這看似餐廳
區的空間，其實也身兼
了屋主工作區的機能。

原 4 房格局經過空間釋放
後，讓客廳、餐廳兼工作
區，以及廚房連成一線，無
隔間形式讓整體看起來更寬
闊。

2 3

4

Chapter 1

關 於 空 間 與 人 的 翻 轉 設 計

卸除隔間形成一開放式大格局

空間在卸除隔間牆後被徹底打開,形成一開放式大格局,而設計者更在其中依序配置了客廳、工作兼餐廳區、廚房等機能,不僅使用動線變得流暢,原環境良好的採光優勢,也隨開放式格局被清楚地突顯出來。

Living room

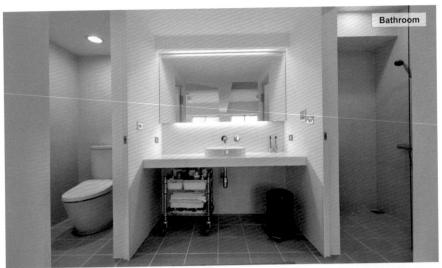

Bathroom

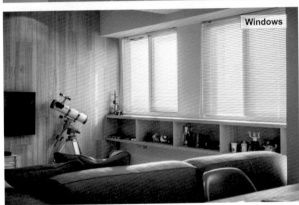

Windows

Windows

Bathroom

各自獨立方式呈現衛浴機能

原本兩間衛浴最後整合後僅剩下 1
間,以各自獨立方式呈現其中的機
能,中間是洗手台,兩側則分別為如
廁與淋浴區,一來使用上不會受到干
擾,二來也有利於各個機能的環境維
護。

Windows

窗邊平檯打造最美生活光影

配合屋主平時有收藏小東西的興趣,
特別在客廳大窗邊多加了收納展示平
檯,用以展示各種精品,在窗外日光
烘托下展現 **Lifestyle** 的生活況味。

CASE 11

不落俗套
標註自我主張的
個性居宅

撰文──劉真妤
空間設計暨圖片提供──LoqStudio．珞石設計工作室

不只是家
更是寫滿夢與青春屋宅之詩

　　從美國回來的林小姐，為了這間在台灣的第一個房子，找遍網路上大大小小的室內設計師，終於託付給符合自己風格品味的珞石設計。身為時常在家工作的程式設計師，加上家中人口稀少，以及長年居住國外的背景，使得林小姐並不拘泥於傳統的住家格局，舒適之外，能展現個性的居宅比什麼都重要，因此跳脫了一般住家追求光線明亮的標準，不論牆面設計、收納、整體風格，都帶著屬於屋主濃濃的個人風格，也給予空間截然不同的層次，踏進屋宅不僅踏進了屋主的家，更彷彿踏上專屬屋主的小宇宙。

　　除此之外，屋主對於室內機能方面則有很明確的需求：主臥、客房、有窗戶的書房以及兩個洗手間都是絕對必要的配備，如此想法在屋主與設計師之間相互激盪，成就了在機能及風格都與眾不同的個性小宅。

Home Plan

21坪

📍新北 | 🏠屋齡 15 年 | 🧍1 人

🛏兩房一廳兩衛 | 🔧天然鋼刷木皮、珪藻土、灰玻璃、鐵件、調光捲簾、超耐磨木地板

廁所中整片馬賽克
小精靈主題牆，不
僅代表著屋主程式
設計師的身分，更
保留著屬於屋主獨
有的世代回憶。

Chapter 1
關於空間與人的翻轉設計

空間中迴盪無數創意想法
細節間將特質展露無遺

　　「我們最重視的是屋主對房子的期許是什麼，然後盡力為他們達到夢想與預算的平衡。」設計師羅意淳為這間 **21** 坪的小宅做的，是去體會期待背後、屋主實際上的生活習慣。居住人口少，在家工作表示待在家中的時間長，對於採光及活動空間的需求較高，加上林小姐喜愛下廚，也相當好客，設計師將原來三房減為兩房，客廳、餐廳、廚房整合成一個大的開放空間，所有生活核心機能都集中在一起，也不再有浪費的走道空間，或是牆面阻擋光線和空氣流動，大部份區域也採用開放式收納，將空間的逼仄感降到最低。

　　針對屋主的生活習慣，也使得設計師得以跳脫既有的機能／格局公式，充分利用每一寸空間，甚至還能規劃出小坪數房子少有的更衣室兼儲藏室，而且與傳統和臥室相連的更衣室不同，是在房子的另一端。「因為屋主平日在家都穿著家居服，只有外出才更換外衣，因此更衣室設在靠近玄關而不是臥室，其實比較符合她的習慣。」同樣不一般的還有應屋主要求，設在廚房旁的室內洗衣區，都是屋主對設計師直視生活需求高度信任的表現。

　　屋主最滿意的小精靈牆，也是這樣良好溝通關係的成果。「我想要表現林小姐身為程式設計師身份，因為她跟我是同一個世代的人，我們就回憶起小時候的經典電玩遊戲，坦克大戰、小精靈之類的。」馬賽克磚完美表現像素圖的趣味，成為房子裡最具代表性的裝飾。

2

設計師最滿意的是精心
規劃的開放空間和格局，
每個磚瓦看似陳述某種
風格，卻又無法被歸類。

Wall

意外發現的風格主題牆面

定調 loft 風格的磚牆以及裸露橫樑，事實上都是美麗的意外。拆除原來的裝潢漆面之後，才發現下方的帶有古意的紅磚以及粗獷卻完整的灌漿模板木紋，設計師決定保留原始樣貌，甚至還運用黃金比例新砌延伸了一部分的牆面。

Kitchen

精心規劃的隨性

看似隨性不羈的風格，在細節上卻一絲不苟，中島餐廚區域使用耐水復古地磚，也恰好與橫樑一起低調地分隔開放空間，表現層次感。

Wall

Laundry area

符合生活習慣的洗衣空間

考量屋主的美式生活習慣,規劃室內洗衣區塊,設置洗脫烘洗衣機以及不需排氣管地熱泵熱水器,簡單的收納層板毫不突兀地融入室內環境。

Room

減法陳設流露生活感

起居房中沒有太多傢具,僅以層板搭配橫桿,在樑柱畸零區塊作為衣物收納吊掛之用,淡藍背牆極具 **Loft** 個性,與公共區域設計相互揮映。

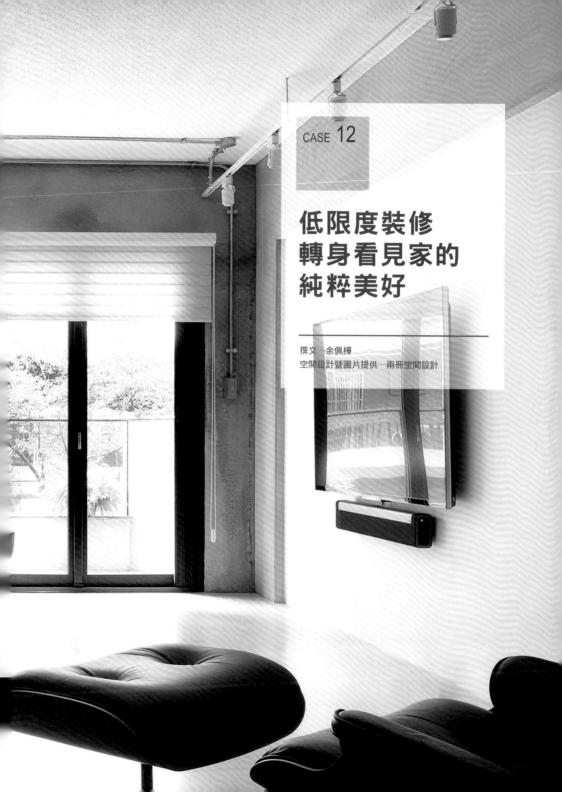

CASE 12

低限度裝修
轉身看見家的
純粹美好

撰文—余佩樺
空間設計暨圖片提供—兩冊空間設計

即使先天諸多限制
仍想建構夢想中的家

40 年的老房子，室內空間主要仰賴格局前側作為主要光線的來源，但礙於 **3** 房格局的配置，不但使得各空間使用尺度較小，光線也因隔間牆的阻斷無法順利導引入室，再者，前陽台處有棵櫻花樹，冬春之際雖然搖曳生姿，但也成了窗景小小阻礙，難讓室內與自然有更多的互動，都是空間裡存在的隱憂。

房子的主人曾旅居國外，對於室內設計風格頗有想法，傾向帶些粗獷、隨興的工業風格，本身也十分喜歡較為樸實且帶有個性的素材，如磚、鐵件、木料等，或許也因為曾在國外生活過，屋主亦相當好客，在溝通設計的過程中，除了自己居住所需，也不忘考量招待朋友客人時的需求，像是為了方便料理，希望將廚房與餐廳位置彼此相鄰，配置出足夠的空間，以因應三五好友來訪時大家能盡情地相聚聊天、品嚐美食，甚至還能一起看球賽。

成就一個家不僅要先「除舊」改善老房問題，更需依主人個性及需求「佈新」，新舊之間每個空間設計環節都充滿了思考。

Home Plan

33坪

📍 台北 | 🏠 屋齡 40 年 | 👤 3 人

🔲 玄關、客廳、餐廳、廚房、主臥、起居間、衛浴、陽台

🔧 樹脂砂漿、木飾板、海島型木地板、鐵件、玻璃、六角磚

1

因應屋主好客的需求，
在廚房旁砌了一座中島
與長型餐桌，偌大空間
足夠一群好友來訪，同
時邊聚會聊天時也能邊
欣賞前陽台的櫻花美
景。

Chapter 1
關於空間與人的翻轉設計

103

扭轉不良條件
釋放空間生活更寬廣

　　兩冊空間設計 **2books space design** 設計師翁梓富談到，原室內因過多隔間使得各個環境的空間都顯得侷促擁擠，在確定居住人口數後，便將 **3** 房改為 **2** 房，其他空間則釋放給公共活動區域，找回生活空間的尺度，也能把地坪做最有效的運用。以客廳來說，翁梓富首先明確定義出陽台位置，其次則是做了大面觀景窗設計，如此一來，除了讓主要光源帶能帶入更多光線入室，同時也讓屋主在觀看櫻花時，不再只有單純欣賞，而是能走到戶外做更近距離的接觸。

　　至於在廚房與餐廳規劃上，為了讓兩者能緊鄰在一起，在不調整廚房位置下，順應環境衍生出一道中島和餐桌，一直線的安排配置，在平時，中島可以作為料理備餐台，而餐桌還能化身一家人的書桌；當成群好友來時，這裡就是足夠的大空間，能盡情地在這聚會聊天。最特別之處，翁梓富在該區的配置上有特別考量環境角度，稍稍傾斜的設計，除了讓客廳光帶能延伸至室內，坐在餐廳也能將櫻花景致收於眼底。

　　由於屋主曾旅居國外，對於工業風格頗能接受，於是，設計者在剔除原空間裝飾材後，以水泥修飾樑柱，部份牆面以木作、火頭磚鋪陳，另外也適度運用鐵件勾勒線條，這些材質都以原樣呈現，表面不再加以修飾，不僅順利地帶出風格調性，同時也讓空間更加乾淨、純粹。

　　空間要乾淨俐落，收納設計也必須藏得漂亮。翁梓富巧用樑下或畸零空間將收納藏於牆面，並與壁面色調一致，以減少視覺干擾。不過為了讓家更有屋主自己的生活味道，設計者在牆面適度做了留白，讓屋主未來能夠自行透過自己的蒐藏做點綴，玩出屬於家的風格，也才能再次看見空間的美好。

2

3

空間以最簡單材料做鋪
陳，而材質本身帶有點
灰階調性，再藉由光線
的輔助表現，更加突顯
了立體感。

順應空間、使用需求，配
置出屋主渴求的餐廳空間，
一直線的安排配置，亦帶
給他們一家人更自在、舒
適的生活動線。

Chapter 1
關 於 空 間 與 人 的 翻 轉 設 計

105

減去隔間視野更寬闊

將 **3** 房格局改為 **2** 房後，室內各個小空間的使用尺度變大之外，也有效地將陽台的光線導引入室，讓屋內整體更加地飽滿明亮。

沿樑與牆下製造出收納空間

空間中的收納機能，若過於複雜會影響甚至壓縮使用者的活動空間，因此，設計者選擇沿樑與牆下來創造，櫃體機能收於立面，共同呈現整齊乾淨的效果。

Living room

Room

Entrance

Kitchen

適度留白讓蒐藏帶出日常生活感

設計者在牆面表現上不做過度的裝飾，讓最單純的色系好能映襯出屋主個人的蒐藏，一點點隨性、一點點不規則擺放，帶出日常生活感。

Kitchen

自然材質還原家的本質

空間裡以水泥修飾樑與柱，至於部份牆面則以木飾板、火頭磚鋪陳，另外也適度運用鐵件勾勒線條，這些材質都以原樣呈現，表面不再加以修飾，讓空間更加乾淨、純粹。

CASE 13

形隨機能
用設計滿足
屋簷下的需求

撰文─李寶怡
空間設計暨圖片提供─聿和空間整合設計、尤噠唯建築師事務所

Owners' views 屋主觀點

20 年老家屋
跟著孩子與貓一起長大

　　家裡孩子長大了，想讓國高中的二個孩子有自己的獨立空間，加上家裡兩隻貓成員的生活需要，因此屋主夫妻動念改造這間已住 20 年以上的老房子。兩人需求很簡單，就是讓兩個孩子能擁有一樣大的使用空間，同時在公共區域的地方，設置公共上網區，以方便家長監督跟管控。另外，家中有祭祀需求，因此佛桌也必須思考在內做整合。當然，最重要的是在規劃同時，也要將寵物貓咪的活動空間也一併考量。

　　整體來說兩屋主對於空間風格上的考量不多，幾乎把焦點都務實的集中到了屋簷下的居住者，包括了逐漸年長的夫妻本身、登大人的孩子，以及兩隻頑皮貓。不僅公私領域得作好完善的規畫，動物與人的習性差異甚大，設計時建材、動線或隔間設計等都須一一考量，得讓貓咪在空間裡自在的隨意行走、跟家人互動，六口之家想法與生活偏好各有不同，在四方水泥鋼筋下如何運用設計讓大家皆大歡喜，則有待設計師一一解套。

Home Plan

31坪

📍台北 ┃ 🏠屋齡 25 年 ┃ 👤夫妻、2 小孩、2 隻貓

🛋客廳、餐廳、廚房、玄關陽台、主臥、兩孩童房、兩衛浴

🔨石材、深刻栓木、玻璃、鐵件、超耐磨木地板

1

利用半開放式書桌
旁的柱體規劃貓跳
板，使家人在上網、
使用電腦之時，貓
咪也可在旁撒嬌、
遊玩。

Chapter 1
關於空間與人的翻轉設計

從材質、傢具至空間動線，
每個角落都有愛

　　6 口之家，其實是一家四口，再加上兩隻可愛的貓。平時害羞的貓咪，總喜歡與家人玩躲貓貓，因此在空間的規劃上，則以能讓貓兒走、跳、臥、趴的設計做出發，例如懸空的鞋櫃、電視主牆的鐵件檯面，及臥室走道旁的書桌下方、主臥門板下方的貓洞等等，可供貓咪藏匿。

　　一進門入口玄關，依著原本建築體圓弧陽台設計，因此規劃一高起的圓形平台，架設活動式的貓跳台，以提供貓兒在哪裡曬太陽、活動的場域外，同時也是家人換鞋的區塊，平時更是陪貓的場所。另外，還有書桌旁規劃貓跳平台及電視主牆的鐵件台面，更是小貓平時向主人撒嬌、夏天乘涼的好所在。

　　除此之外，家中的佛桌設計，向前傾斜的抽面，也是為了預防貓往上跳的作法。此外，主臥室門貓洞的設計，可以讓貓兒在晚上主人休息時間，更容易與便利進出公共與私密的領域，不致彼此干擾。

　　貓咪的生活習性，因此在材質選用上，地面全面採用耐刮材質的磁磚及超耐磨木地板外，立面上則採用鐵件、石材、玻璃、深刻木皮等材料，來預防貓爪抓、刮的維修問題。在色調上以屋主喜歡的白及木色暖調性為主，只有電視牆以深色做視覺延伸。事實上，為因應屋主為求使用上公平，除了移動原本的公共衛浴與私人衛浴在同一側外，將多餘空間用來規劃孩子對等的使用隔局。更在平時進出臥室的走道上，規劃成一個過道式書房，提供家人上網、使用電腦之需。讓 **30** 坪的空間，也能盡量滿足可供閱讀、休息的臥室及書區。

　　值得一提的是，設計師利用調整房間格局的同時，將佛桌與餐櫥櫃整合成一退縮內凹的形式，並與餐廳、廚房之間的防油煙玻璃拉門，形成一堵平整的牆面。公共區域則利用 **L** 型的電視石牆延伸，處理主牆背後有柱子形成的畸零，隔出儲藏室，滿足一家 **6** 口收納的問題。

由於電視主牆背後有柱子形成的畸零，因此將電視石牆延伸成 L 型，放大客廳的視覺感，同時後面又可隔出一間儲藏室，滿足收納需求。

3

入口玄關，依著原本建築體圓弧陽台設計，因此規劃一高起的圓形平台，架設活動式的貓跳台

4

臥室的走道空間，規劃成一個過道式書房，並在牆上設計貓跳板，拉近與貓咪情感。

Wall

L型牆面整合小空間收納機能

雖然有更動孩童房隔間比例，但空間
仍有限，因此利用孩童房的 L 型牆
面，從一進門開始，將衣櫃串聯書桌
及書櫃，再利用書桌延伸至床頭背板
及床整合在一起，不但符合機能，也
大大節省空間。

Wall

Ceiling

Cat Space

Cat Space

斜屋頂設計避開樑柱

主臥天花有兩根大樑,形成壓迫,因此為了修飾並且避開床頭壓樑問題,在主臥的天花設計斜屋頂,並在床頭收尾時隱藏燈管,形成光帶,不但營造空間的視覺美感,也帶來童年對閣樓屋頂幻想的樂趣。

Cat Space

隱藏在空間裡的貓道

為了提供貓咪自由行走,在空間裡設計有許多看不見的貓道,例如天花板凹槽內,或是電視牆上嵌入式鋼板平台等等,尤其是電視牆平台,因鋼板鐵件材質較為涼爽,在炎熱夏天成為貓咪最愛趴坐、睡覺的地方。

柴米油鹽 + 嗜好
小而美好的
家屋滿足學

撰文—李寶怡
空間設計暨圖片提供—橙白室內設計

一個人到一家人
機能、氛圍、格局全面進化

　　這個案子的屋主在之前單身時，就已經委託設計師裝潢過，之後因為陸續完成了人生大事—結婚、生子，現有的環境不再適合擠下夫妻及小 **Baby** 三個人的世界，因此再度重新規劃。

　　原有的房子裡新增了兩名住客，看似單純其實要考量的事情非常多，不同於單身黃金漢的生活需求，一家三口柴米油鹽的小日子才剛開始，各種需要順勢進階，四米高的挑高空間裡需要規劃出主臥、小孩房及更衣室，還擠出衛浴空間，才能方便夫妻倆就近照顧小孩。最重要的是收納空間的需求也增加了，林林總總的生活雜貨之外，也不能忽略屋主本身熱愛收藏馬克杯的習慣—得打造出有型有款的收藏展示區域。

　　在新需求的誕生之下，一棟房的脫胎換骨除了增加機能及種種不可能空間之外，可也少不了風格上的新詮釋，儘管預算有限，男屋主崇尚略帶粗獷的工業風，則為家屋定義出新的精神，不論有形的空間格局、無形的氛圍風格，建構小而美的家屋，每一步都重要。

Home Plan

20坪

📍 新北 | 🏠 屋齡 10 年 | 👥 夫妻、1 小孩

🛏 客廳、餐廳、廚房、主臥、孩童房、更衣室、兩衛浴

🔨 伊諾華木地板、榆木鋼刷木皮、美耐板、噴漆、黑板漆、灰玻璃、壁紙

在二樓樓梯的畸零
空間擠出一間半透
明的更衣室，可
以收納屋主大件雜
物。

Chapter 1
關於空間與人的翻轉設計

舒適與個性兼具
為家增添 California 陽光

　　這間屋主是第二次找橙白室內設計協助，整個空間需求從原本的單身，要改成符合一家三口的需要做規劃，這意謂著要增加房間數及收納需求，所以再做通盤的規劃，並融入屋主喜歡的工業風做為設計主軸。

　　由於室內空間並不大，因此整個空間採開放式設計，並利用挑高空間，將上層規劃為私密空間，下層為公共空間。從玄關一進來，保留原本的衛浴空間配置，右側則利用梯間下方的空間，設計玄關櫃體，並利用半高的活動玄關櫃區隔內與外的空間界定。開放式的餐廳、廚房，至客廳連成一氣。保留客廳迎光面的挑高空間，讓採光得以深入室內，並放大空間感。

　　整個空間以白色及灰色為定調，並運用暖色系的木色地板及家具暖化空間的人文個性。同時，在串聯客餐廳空間的主牆面則運用紅磚文化石壁紙為空間妝點出工業風的質樸色彩，也成為空間焦點，一路延伸至樓梯間。為考量屋主出國旅遊所購買的收納展示，因此在電視櫃旁的牆面規劃一深度約 30 公分，長約 2 ～ 3 公尺的淺薄櫃體，並運用磁鐵黑板漆木門做為活動滑軌門，左右移動，形成空間裡的特色。

　　樓上的私密空間不但規劃了主臥、孩童房等，考量未來生活需求，例如方便清洗孩子物品或沐浴時，發生同時要上廁所的情形，因此在樓上再規劃半套的衛浴間。並利用梯間上方與主臥中間的過道畸零地，設計一間以灰玻璃隔間的半開放式更衣室，集中放置屋主的大型物件及衣物。當夜晚到來，隱藏在樓梯上方的燈盒開啟時，由上洩流而下的光帶，透過材質反射穿透，為空間帶來光影變化。

2

開放的客餐廳及廚房設
計，讓小空間有放大的
視覺效果。

3

在展示櫃體運用黑板滑
軌門為空間營造不同的
生活面貌。

4

因為空間小，所以從玄
關、樓梯及電視櫃，放
眼可見的地方都有收納
櫃隱藏其中。

軌道拉門輕量化空間感

呼應屋主喜歡的工業風設計,將臥房
牆面淨白化,在門片設計上全改用軌
道門片設計,且門片刻意挑選斜紋木
頭拼貼材質,透過門片的開啟或閉
闔,幻化出空間不同的面貌,也形成
空間溫暖的視覺跳色。

Room

Living room

Dressing room

Dressing room

Living room

活動家具增加空間靈活度

因為空間小，且顧及孩子尚小，在成長過程中需要大量的活動區域，因此除了收納採固定規劃外，其他所有家具，例如玄關櫃、餐桌椅、沙發及茶几櫃等等均採活動式，以便視需求調度空間彈性。

Dressing room

半透明更衣室引導動線

為了孩子行走安全，二樓的廊道改以灰玻隔間做防護，並延伸至更衣室隔間，成為一半開放空間。當天花照明開啟時，光線撒下，不但讓更衣室形成引導梯間動線的發亮光箱體，在玻璃材質的穿透及反射下，也為空間帶來光影變化。

CASE 15

風格跨界
舒適是生活
共通的語言

撰文— Jeana Shih
空間設計暨圖片提供— KC design studio 均漢設計

Owners' views 屋主觀點

最甜蜜的空間戰爭

　　成家立業，本是人生再重要不過的大事，只是剛成婚的男女屋主，對於人生的第一間房，各自充滿了不同的期待與想像。男主人喜愛工業風的個性感，女主人則鍾情於色彩甜美豐富的鄉村風格，雖然同樣都是上班族，男女主人生活中的習慣、嗜好對於家的期待也各有不同，其中女主人平時喜歡下廚、裁縫、做做手工藝，偶爾也會把工作帶回家處理，需要舒服的餐廚空間及一個有寬廣桌面的工作區域；男主人則剛中帶柔允文允武，喜歡健身、閱讀，對空間自然也有一套自己的舒適邏輯。

　　如果說婚姻並不僅只兩個人的事，織就一個家，所必須兼容並蓄的則更多，且看設計師如何在居住者的異同之間找到空間的新平衡，又怎麼將冰與火之間的美學差異消化融會出全然新穎的居家設計概念，進退之間，每個細節都精采可期。

Home Plan

60坪

📍北部 ｜ 🏠屋齡 15 年以 ｜ 👫夫妻
🛏兩房 ｜ 🔧混凝土、鐵網、花磚、不鏽鋼、玻璃、空心磚、燒杉

靠近廚房的高腳長桌是出菜檯，也
是女主人料理工作檯；靠近窗戶的
純白長餐桌具有舒適方便的高度，
適合男主人在此閱讀，空間與人與
傢具看似壁壘分明卻也協調融合。

以人為主，以光為輔
為居家風格找到新平衡

　　一樣米養百樣人，同樣是四堵水泥與天地壁，兩個人就可以擁有千變萬化的想法，室內設計師所要做的，除了爬梳屋主的喜好與生活習性，更要徹頭徹尾掌握空間的優勢，並在風格之外以更大膽的方式重新定義居住美感。而這些看似艱困複雜包山包海的任務，對 **KC design studio** 均漢設計團隊而言，則剛好讓天馬行空的創意有了發揮的舞台。

　　彷彿開啟空間的序幕般，從天花板開始就有相當令人驚艷的設計，這裡既不以線板造型作包覆也不想完全裸露，拆除原來裝潢後，選用鐵網修飾大樑，同時帶有照明，讓空間中不經意的展現亮度，網狀立面也同時拉抬了高度，大塊的粉、藍、黃色以活潑的姿態呈現，這片帶了個性與藝術感的抬頭光景，正以印象派之姿讓每個觀看者在心中各自詮釋。

　　公共區域包含了客廳、工作區和餐廚，恰好夫妻兩對電視沒有太大興趣，可 **360** 度翻轉的電視機架以一蔽之，同時連結了空間；去除原本隔牆後輕食吧檯和用餐區讓屋主夫妻既能在此各自忙碌，也能暢所欲聊；書牆旁的入口通往屋主的私領域空間，設計師賦予了豐富的機能性，健身、更衣、盥洗滿足兩人生活上的需求，保留既開放也有獨立隱私的空間關係。

　　60 坪的住所技術上來說幾乎擁有百坪的運用規模，簡約舒適的多元設計既可以個性粗獷也能細緻溫柔，成就一個家的重點從來不是風格，而是—愛。

多彩造型天花書寫空間語彙

採用網狀鐵件折板造型的天花，呼應原始的樓板和樑柱特質，也巧妙遮隱了管線，並在每個空間繪上專屬色彩，再結合三種密度不同的鐵網，既有帥氣個性，也不失屬於家的溫柔。

Wall

明色加持為空間增亮點

明亮的黃彩收納牆與六角磚相映成趣，在單純質樸的色調中，勾勒出別具時尚個性的氛圍。在一片水泥粉光色澤中，帶來華麗的視覺亮點。

獨立收納間亦有展示效果

熱愛閱讀的兩人可少不了寬廣的書籍收納,設計師在緊臨客廳的位置設置收納空間,通透開放的整體空間透過適度規劃提供強大的收納功能,對需求提供整理收藏處所。

小型健身房提升屋主的適切需要

緊鄰臥室旁設立了簡易健身房,金屬欄杆看似剛硬卻能和拼接六角磁磚壁面相映成趣。

CHAPTER 2

非關風格，
Life Style 零裝感思考

Less/Blank ｜留白美學
Simple/Pure ｜極簡混搭
Nature/Texture ｜自然原材
Lifestyle ｜個人風格

PART I

Less / Blank

留　白　美　學

住宅，就像是一家人生活的縮影，關起門來，居住的舒適與否，只有自己最清楚。想要不被風格綁架，不妨回歸「家」的本質，思考適切生活的基本需要，再從空間中減去複雜的裝飾與表面浮華，還給家人更能自在休憩的空間。

減一分更美！
剛剛好的零裝感學習

現代主義建築大師密司‧凡‧得羅的名言「少即是多（**Less is more**）」，意指客廳、餐廳、書房等公共區域，或私人領域的臥房等的簡化，空間中一旦少了多餘的傢具或櫃體線條，反而多了更多可能性。

事實上，強調減法生活的創意在北歐等國早已十分風行，日本甚至喊出居家空間斷捨離的思考概念，然而許多人的顧慮在於：減少是否會造成生活上的不便？留白會不會少了空間美感和個性？有限的空間如何創造留白的視覺效果？其實所謂留白，目的在於減少過於矯情的風格與多餘裝飾，過去許多人喜歡為自己的家定義某種風格，然而每個人都是無法複製的個體，當減法的概念植入空間，自然能依各人的生活習性衍生最切適的居住設計。至於是否如何優雅美好的留白，則能在空間設計上做突破，不刻意留白有時能創造出無限想像的生活風格。

空間留白的設計技巧

1. **簡化立面線條**—避免使用過多線板、裝飾、造型線條，簡化立面線條自然能帶來放大效果。捨去了空間中瑣碎稜角，收復參差不齊的線條，寬廣的舒適感自然流露，視覺感受也會因此而更顯俐落流暢。

2. **重整隔間放大生活尺度**—是否真的需要獨立的書房、獨立的餐廳呢？拆除不必要的隔間，減少走道迎進充足採光，居住者將能更輕鬆的在開放式場域中活動。亦或透過彈性隔間做出複合空間的規劃，將客廳結合書房，或餐廳結合工作區、閱讀區等，一個空間多樣用途，視覺不再被屋內的門牆阻擋，自然能舒適自在。

3. **不做滿的櫃體讓空間得以呼吸**—要創造居家環境裡舒適留白的空間，其實可以透過量體的輕量整合，來換取室內視野的開闊明亮。即使是收納櫃、鞋櫃，也不需做滿整個牆面，讓空間及視覺能自由呼吸，順勢放大空間尺度，自然能有更舒適的室內立面。

4. **講究舒適的色彩配置**—有些設計師則櫃體選色上傾向與壁面色調一致，減少空間裡量體在陳設時可能產生的視覺干擾，單純以線條變化而非材質的改變做表現。若要在清淡色調之下增添暖意，也可以在單一色調之外從材質使用上做切換，像是選用木質的壁面與地板做鋪陳，自然而然營造出家的溫暖氛圍。

Less / Blank
留白美學

簡單背景不簡單概念

空間是裝載生活和物品的容器,用簡潔線條,隱形收納,騰出最大空間,目的是使有歷史、有時間感,一件件慢慢挑出來的傢俱成為焦點,從灰色門櫃壁面的背景中跳出。

A Wall

以簡潔低調的收納空間和壁面作為傢俱的背景,彰顯優適簡約的生活型態。

光潔牆面呈現質樸生活之美

衛浴間總是有太多瓶瓶罐罐需要收納陳列，設計師一改牆面收納的思維，腰部以上的牆面空間全面釋放，需要的物品則收攏在觸手可及的平檯之內，留下素淨牆面還給生活寧靜無壓的氛圍。

A Wall

素胚水泥粉光牆面僅有鏡子與水龍頭，少了繁複的陳列架，連呼吸都感到自由順暢。

B Storage

浴廁所需的瓶瓶罐罐及雜物皆收攏在腰部以下的收納空間中，視線保留清爽。

圖片提供—本晴設計

透過機能把舒適還給空間

只是十幾坪的溫泉度假屋，還是不免撥出空間應付機能需求，但又想保留脫俗的空靈感，於是採用隱藏式壁床，睡醒往上一推就不佔空間了，好整理收納，不需為了現實妥協品味。

Ａ Function

牆面的隱藏式床架，不用時能收攏，空間更好利用，室內視野更寬廣。

不乏味的留白之美

臥房單側牆面以全片透明玻璃建構，並在窗外打造植生牆，以綠景與自然光創造渾然天成的牆面藝術，房內無多餘傢具擺飾，卻能擁有看不盡的天空與自然生態，單純卻毫不單調。

Ａ Ceiling

天花板與牆面僅以塗料、水泥方式處理，視覺上零負擔，是完全無壓的睡寢空間。

圖片提供—伍乘研造有限公司

觸碰自然的無添加大書房

整間屋子就是一個自然書房的概念，書架、書桌、唱片架分散在屋內不可拆除的牆柱角落，屋主不用油漆，並將所需機能降到最低，讓屋外的綠意和微風能不受阻隔充盈整個空間。

🅰 Desk

以平檯取代書桌，機能滿足就好，裝潢能少就少回到居住原點。

圖片提供─伍乘研造有限公司

綠色植栽為白色佈局添暖意

秉持減法設計原則,設計師以清爽
溫潤為基調,將淺灰、木料原色及
白牆面互做搭配,不過多的色彩表
現下,讓餐廚空間的端景帶出不一
樣的層次。

A Color

溫和色調達到放大空間的
效果,簡約調性成功替家
創造了呼吸空間,亦重拾
生活本質之美。

B Plant

吊掛植栽與木料傢具櫃門
相得益彰,創造有溫度的
居家之美。

Plus

垂吊而下的除了吊燈,還有濃
綠植物,為空間帶來生氣盎然
的活力。

少即是多的臥房設計哲學

若單純把臥房定義為睡眠場所，那麼空間裡僅有床和光線是必要的。設計師利用暖色木材質與全白牆面調配色彩比重，摒除複雜的陳設，以簡單的配色技巧全然烘托臥房空間的舒適感。

圖片提供—伍棐研造有限公司

Less / Blank
留白美學

透白內裝帶出家的清新質感

不帶任何彩度的白彷彿沒有溫度，卻意外與草綠色地毯相應，為空間增添無比清新的韻致。沙發內玄機暗藏，整合揚聲器功能，只要按一個按鈕，搭配下拉屏幕，起居空間就能馬上變身成專屬私人劇院。

🅰 Furniture

彎曲造型木桌椅，為立面橫直線條作了完美平衡，讓人一踏入這裡就會眼睛為之一亮。

圖片提供— **Loft-kolasinski**

淨白底色帶出清透端景

結合工作桌、餐廳與廚房一氣呵成的空間裡，以白為基底，運用材質創造出不同層次的紋理，中央位置的造型桌既作為閱讀之用，同時也是餐桌，無法歸類的形狀充滿旋轉動感，為清爽淡然佈局中留下視覺亮點。

🅰 Floor

以桌子為核心，在地上區域用白色大小六角磚鋪陳，完全對應桌子形狀，是設計師充滿心機的小巧思。

圖片提供— **KC design studio** 均漢設計

圖片提供—合風蒼飛設計工作室

光線漫射為空間創造百變端景

別墅樓梯間回歸原始，以白色牆面與洗石子階梯的基本組合看似平凡，卻能捕捉太陽移動的痕跡，午後時分是最適合欣賞的光景。

A Stair handrail

緊貼壁面的扶手設計完全簡化了多餘線條，創造純然美好的室內角落。

PART II

Simple / Pure

極 簡 混 搭

總是為了改變而改變、為了風格而有風格，但抹掉那些屬於裝潢的
胭脂水粉之後，你的「家」還剩下些什麼？不妨從「心」思考居
住的本質，簡化環境同時簡化自己。

卸掉風格，回歸生活本質
簡約素顏更美好

「你喜歡什麼樣的風格？」不少人在規劃居家裝潢設計時，習慣把自己喜歡的風格貼上別人、別的國度與種族標籤，忘了真正居住的自己有怎樣的需要，三年、五年看膩了也厭煩了家裡的風格，只好再大興土木⋯⋯居家空間設計，不能只在於追求美感或是陷入風格框架，而是要能符合居住者對生活的嚮往及期待。回歸居住者本身的 **Lifestyle** 做出發，從簡約設計與混搭作調和，一旦卸除了不需要的點綴修飾，反而更能感受生活的自在。

極簡混搭的技巧

1. **低限度的用材與設計**—打造零裝感的居家空間，必須運用「簡化」與「混搭」的兩大原則，先拿掉繁複的設計語彙與元素，以低限簡約的用材為出發，從細節的純粹與自然質感著手，循序漸進地轉化為空間符號，締造出整體空間的流暢感與協調質感。

2. **簡化裝飾性物件淨空視覺**—空間要看起來舒適通透，就必須弱化可能出現的線條與裝飾，像是天花板與壁面單純以塗料、水泥等方式作處理，造型簡單俐落，呈現清爽無負擔的樣貌。

3. **一物多用整併複合式機能**—空間中所有動線機能設計，不妨回歸居住者的基本需求，從最精簡的模式出發。很多時候，一種物品不會只有單一功能，是傢具同時也可以是隔間牆；一張床可能還要兼具收納、書桌用途等，藉由這樣複合式機能整合，能讓一種設計滿足多種需求，空間用度也更有效率的簡化。

4. **光線與植栽是最恰到好處的搭配**—植物的自然特性最能在素妝空間中，調和出生活況味，替環境增添生氣，不妨選搭適合居家端景的植栽。像是浴室通常濕氣、溫度偏高，通風採光偏弱，可選擇耐濕植物，如多肉植物（虎尾蘭）、羊齒類植物（抽葉藤、蓬萊蕉）等；梯間萬年青、黃金葛綠葉也是不錯選擇，室外牆甚至可考慮大面藤蔓植物，創造出不同生活風景。

5. **以訂製陳設搭配極簡線條**—當設計以內斂清簡為基調，若想適度襯托空間質樸風韻，並增添溫暖的生活質感，少量的訂製傢具可以是考量的選擇，像是有型有款的沙發，能跳脫單調客廳，為空間作出個性化的註解；特殊照明或藝術品等，都能成為畫龍點睛的亮點，透過傢具陳設，亦能展現居住者的品味。

Simple / Pure
極簡混搭

大片色塊搭出客廳個性

客廳中減去櫥櫃、擺飾，僅簡約
地保留一盞立燈、一組沙發搭配
水泥粉光背牆，看似低調的淺灰
調性，卻能擁有隨興自在的空間
個性，搭配織品地毯就能創造出
百搭的生活風景。

A Wall

大片水泥粉光牆保留黑、白、灰
的色彩層次，樸拙之下最能烘托
室內氛圍。

B Cloth

純色的空間之下，簡單點綴就能
豐富空間，擺上喜歡的布偶、彩
色椅枕就能形塑於自己的居家個
性。

Plus

沙發另一端是童趣橫生的玩偶小燈
飾，與粗獷水泥色感覺衝突卻毫無
違和。

Simple / Pure
極簡混搭

圖片提供—二三設計 **23Design**

單色壁面加乘畫作線條

單一顏色壁面不僅可以有放大空間視覺效果，再加上簡單、高雅畫作或是線板，即可創作出空間中的主要視覺焦點，單一純粹卻不單調乏味，反而能隨著心情為空間變換各式心情語彙。

A Wall

素雅單一壁面讓居家也能變身畫廊一般高雅。

B Storage

簡白的電視牆面，將平面電視內嵌其中，讓立面線條暢行無阻，白色線板內則是儲物的魔術空間。

簡潔牆面有如風格藝廊

因應屋主平時比較喜好觀看電影的喜好，撤除既有電視櫃牆面設計，以一體性的白色作為投影設計，創造出視覺上的俐落效果。

A Wall & Door

客廳電視牆連結房間門一體延伸性的設計，可以創造出小宅的開放效果。

B Class

牆面下方以毛玻璃取代踢腳板，創造牆面視覺「懸浮感」，空間更輕盈。

圖片提供—三俇三設計事務所

金屬線條賦予牆面新表情

電視牆面除了著重收納規劃之外，可將電視與牆面整體一同規劃，配搭些微不鏽鋼鏡面邊條連結，在留白韻味中又帶有設計的時尚感。

A Metal

簡約不一定就只能單調表現，利用剛硬金屬線條搭襯素面牆體，也能成功展現設計感。

B Floor

搭配牆面材質，地板以人字拼的方式展現木紋質感，搭配彩度豐富的地毯，簡單而隨興。

Simple / Pure
極簡混搭

灰階色調的靜好生活

貫徹「極簡、少物」哲學，只留不得不保留的機能，連窗簾冷氣都捨棄，僅用懸吊的減量水泥牆隔間，設計師刻意減除門牆，讓 **19** 樓的空氣和光景在空間中自由流通。

A Space
開放式空間空出傢具傢餘讓室內僅留舒適自在。

B Flood
清水模地板不加修飾的原色紋理，在空間中成了最美的藝術品。

減掉中島門牆空間更通透

受限原始配置，無法將一字型廚房改成中島，因此將廚房的門及牆拆除，與餐廳牆面串聯成一氣，一路從電冰箱、電器櫃、洗水槽、親子流理台、爐具設計成超長的一字型廚具，整合機能與收納，保留 **110** 公分寬敞的動線，讓全家人可以共享一起烹飪的生活樂趣。

A Kitchen

將廚房機能整合在一側，保留寬敞的動線，讓全家人也可以在廚房一起做料理。

B Floor

用地坪及天花吊燈、軌道燈取代隔牆，同樣能有界定廚房與餐廳場域的機能。

圖片提供—聿和空間整合設計

圖片提供—樂沐制作 The MOO

將鞋櫃變身植生牆

將需求減至最低的低調餐廚空間裡，就著窗邊的自然光線，用簡單的素綠色牆面，搭配木傢具與綠色植栽，形成了簡約而極其自在的端景，略高的吧台伴著馬賽克磚，在綠意中帶來十足居家生活感。

A Wall

搭配著自然光線，牆面單一色系的選搭形塑著空間的語彙，不需太多裝設就能憑添生活樸實味。

把無印良品屋帶回家

屋主欣賞無印良品清爽簡約的設計風格，因此委託設計師規畫。透過精密的丈量及計算出所需的組合櫥櫃層架安排及家具等平面配置圖，再交由屋主向廠商採購，完成饒富日式極簡的鹽系無印之家。

A Style

完成硬體隔間後，再利用無印良品的家具家飾建構出日式現代風格。

Plus

先仔細丈量所需尺寸再選購適合傢具，更能符合需求。

圖片提供—聿和空間整合設計

圖片提供─北歐建築

裸式簡約居家流露適意生活感

以黑色鐵件支撐玻璃框架做為與客廳起居空間的區隔，可 **180** 度旋轉開窗的機能，恰到好處的為空間創造光與風的良好過道，拆除了多餘天花重整管線端景原汁原味裸露，簡約中仍有鮮明的設計基調。

Plus

濃綠色植栽為空間提味，讓端景有了更軟性的生活語彙。

A Floor & Wall

無接縫的仿清水模地板與牆面相互呼應，維持空間的純度，讓視角全面聚焦於鐵件方窗，流露古典寧靜的氣息。

PART III

Nature / Texture

自然原材

有句廣告金句是：「自然的，比較好」，這與「零裝感」居家概念
不謀而合，想想看，放眼家中，有多少繁複的設計立面與線條，其
實都是生活中的有形干擾，甚至成為莫名壓力源。

讓材質回歸純粹，
創造無壓的空間視野

隨著時下原味、無印風當道，空間的純粹也彷彿能增添美感與舒適，然而簡單樸素並非無所要求，而是以忠於材質的手法做設計，自然挖掘且發揮空間純淨魅力。還原空間純粹質地最直接的方式，就是透過天然原始的建材來呈現，然而大地造物千變萬化，自然素材中，有的清新素雅僅有色彩明顯的微落差，有些材質紋理分明，更有斑斕鮮艷的原礦奇石，在材質選搭上則同樣有需要掌握的聰明絕竅。

以自然材質襯托空間的技巧

1. **去除繁複回歸天然原貌**—材質使用在室內設計中一直是重要且基本的環節，不同的素材可創造素淨感，也能打造奢華風，一般而言，大面積的壁面或地板，不妨卸除紋路與縫隙，例如以低反光的樹酯砂漿製成卡多泥塗料處理壁面與地坪，為空間畫出框架，其無縫隙質感也使得整個居家空間乾淨純粹。

2. **木、石材質聰明選用**—木素材自然而溫潤的質感，以及可塑性高的特性，往往是室內設計最普遍運用的建材，其中白橡木淡雅清爽、低紋路的特色與零裝感居家氣質相似，是適於使用的選項；胡桃木、櫸木紋理鮮明，則適於小區域搭配平衡視覺。經噴漆上色處理，能強化材質本身的樣貌，但也可能增加整體視覺的負擔。至於石材紋路、光澤與色澤的變化更凌駕木材之上，眾多選擇因人而異，素面石材能烘托出環境中的寧靜自在，紋理豐富的則能形塑空間特質，但運用時仍以小面積調和為佳。

3. **異材質選配創造空間亮點**—樸實無華有時是美，有時卻也容易流於單調，磚材、鐵件及其它材質則能作出簡單的平衡，單面牆面文化石磚能帶出空間中的重心，適用於電視牆或單一面牆，更能增加室內的視覺溫度，富有家的溫馨感，只是文化石磚堆砌容易出現較細密的線條，最好能與其它材質作為搭配，或選用接近天地壁的色系。

4. **適度引光入室綴點生活情趣**—居住者的生活空間與設計皆是人與自然的延伸，一個理想的舒適居家空間，不光是素材與造型，若能直接以「大自然」的陽光綠意作妝點，更能為空間描繪明亮清新的風景。當設計回歸空間本體，採光問題解決，自然就能形塑出家的原貌，不需要過多材質搭配，因為光線就能彰顯出空間的立體感。

淡調味的零裝感餐廚空間

餐廚區以彷若裸露的水泥牆面帶出零裝感的質感，選用杉木實木板，透過相間色調的跳色處理，界定用餐空間氛圍，同時調和了水泥的冷調粗獷，軟硬材質恰到好處的平衡。

Ⓐ Wall

水泥粉光牆面的介入，提供視覺暫息的轉換與留白，更能凸顯樣態豐富的木紋肌理與線條花磚的基本美感。

Ⓑ Floor

六角花磚與松木地板低調卻讓空間擁有更多層次。

Plus

材質的天然紋理比任何妝點物都來得更美，空間即使素顏依然楚楚動人。

圖片提供— **KC design studio** 均漢設計

Nature / Texture
自然原材

大石紋理創造 Cozy 小窩印象

以含浸過色紙與牛皮紙層層排疊，再經由高
溫高壓壓製而成。產品具有耐高溫、高壓、
耐刮、防焰等特性，成為整片留白牆面中的
視覺焦點。

A Wall

素雅純淨的空間中，不需要過度裝飾，
巧妙運用質材即可達到視覺魅力。

圖片提供—二三設計 **23Design**

圖片提供— **Loft-kolasinski**，攝影— **Karolina Bak**

純然放鬆的療癒 SPA 睡寢區

開放式的臥式格局，沐浴區不作
任何門片，亦無場域界定，混凝
土浴缸彷彿藝術品，與拋光橡木
訂製床相得異彰，賦予空間不同
氣質，藉此打造出沉穩洗鍊且靜
謐的寢臥氛圍。

A Light

以地上光源取代自高處照亮
的設計，為臥室增添寧靜不
受影響的睡眠品質。

Nature / Texture
自然原材

圖片提供—樂沐制作 **The MOO**

活動格柵創造光影層次

陽光本身是非常有溫度的存在，在空間中往往隨著時間創造形體不一樣的風景，因此利用陽光創造多重漸層型態，成為零裝感設計時很重要的設計手法，這裡便是利用活動木柵營造光打在牆面或地上的不同陰影，創造出室內活潑的端景。

A Screen
活動式木質屏風格柵調整光影，讓空間有了動感的變化。

樸拙材質流露自然生活

大量的石、木、金屬、混凝土，盡量維持老屋的語彙，不在建築上加諸太多新的設計造型，簡約質樸氛圍下，再添加些許陽光，就成功營造屬於家宅的原味。

A Wall
儘可能減少牆面與地面的覆蓋材質，以「半裸」型塑出質樸純淨的生活氛圍。

圖片提供—合風蒼飛設計工作室

圖片提供―樂沐制作 The MOO

將鞋櫃變身植生牆

將需求減至最低的低調空間裡，顧及生活機能，因此將鞋櫃的門板改為孔洞，插入木栓，變身為掛勾，可以掛外出的衣服或袋子、帽子等，甚至還可以吊掛綠色植栽為點綴，為空間營造一點綠意生活。

A Plant

櫃體門片打孔做可插銷式設計，掛綠色植栽成樂趣。

PART IV

Lifestyle

個人風格

你想讓房子變成什麼？人們從出生、成長、學習 ...... 有形無形中，
都受到家的影響，每個屋主甚至設計師，在房子裝修前都應深深思
考自己所需要的，並從中注入屬於自己及家人的個性，畢竟如人飲
水冷暖自知，打造忠於原味的家，才能讓一家人長居久住。

自己喜歡，有何不可！
創造有個性的居心地

　　想透過陳設與傢具的細節，帶出居住者與空間的 **Lifestyle**，那麼就得將空間拉回居住者本身，學習讓生活的本質成為設計的出發點，從環境中關注自己的興趣嗜好，才能讓日積月累的生活點滴，轉化成屬於自己氣息的居家品味，空間也才因此變得有趣且有意義。

將個人特質融入空間設計的技巧

1. **選搭傢具打造獨特亮點**—家的空間質感除了透過建材表現外，傢具也是重要影響因素，一張造型質感兼具的傢具，能為空間製造亮點，同時也展現出居住者個人的品味。該如何挑選？其實，除了一般經典系列傢具外，擺脫制式化設計的手作訂製傢具也是不錯的選擇。專屬訂製不僅能依循個人需求客製最符合空間調性的設計外，更重要的是帶出職人手作工藝的精緻質韻。

2. **簡單軟裝依喜好作變化**—傢飾軟件等軟裝元素，其實也可以在空間中起加乘協調性或是畫龍點睛的效果。以木質調居家空間為例，在兼顧空間陳設調性的前提下，以少量披毯、抱枕、地毯等織品點綴其中，能為空間的質感增添溫度感，透過自己喜好作的搭配，也能創造與眾不同的空間氛圍。

3. **獨特燈飾型塑家的質感**—功能性與情境式照明，是轉換屋內氣氛與提升空間質感最佳物件，同時也最適於塑造屬於自家的風格，特別是單一公共區域餐廳、閱讀區或是走廊照明，善用燈光調性去調和空間，就能增加視覺層次。光線顏色的選擇及位置安排，以及燈具的造型及材質都能為自己的家型塑出獨一無二的空間辨識度感。

4. **收藏品絕佳使用**—想要聰明打造能表述屋主本身的個性的家，莫過於在居家陳設中保留屬於「自己的味道」，取代購買現成傢飾妝點牆面，不僅省錢，還能為牆面創建獨具個性的表情。設計師必須和屋主做溝通，先了解蒐藏品的特性、數量與樣貌，才能依其形狀線條、材質特點，找到適當設計語言延伸至空間中。

5. **創造能連結家中成員的趣味陳設**—以家中居住成員需求與生活嗜好做出發，能讓居家生活變得更有趣！若家中有學齡前的小孩，可藉由趣味設施如吊床、溜滑梯等，增進親子情感之餘也讓空間有了亮點。而家中若是有養寵物，像是養貓，也可以經由在既有空間增建適合貓咪遊戲玩耍的設計，任何機能都能為家打造屬於自己的表情。

圓與直交織的競速工業風格

輕彩度的傢具陳設，為灰階空間
帶出明亮主題，加上屋主愛好露
營，饒富趣味的吊床，也為空間
增添互動的趣味性與愜意生活
感，成為家中獨一無二的標記。

A Window

水泥粉光牆面的介入，提供視覺
暫息的轉換與留白，更能凸顯樣
態豐富的木紋肌理與線條花磚的
基本美感。

B Light

細線型吊燈搭配木質餐桌，十足
表達出全家共餐的溫馨情懷。

Plus

吊床作為餐廚與客廳的界定，饒富
趣味，折疊露營椅取代單椅，更把
野外露營的自然風情搬進了家裡。

圖片提供—兩冊空間設計

圖片提供—三俫三設計事務所

回憶小時生活空間的純粹

從小生活的老宅在舉家遷移台中後
就不再回來，長大成人後變成自
己生活空間，那時在此生活的童
趣，就用跳格子來回憶吧。

A Childlike
簡單的水泥配上純白色線
條，簡潔又能感受出其強
烈意涵。

Plus

彷彿小時候在地上塗鴉般，看
似調皮搗蛋實則意義非凡。

牆面爬滿周遊列國的回憶

由於屋主熱愛四處旅遊，每到一個地方便留
下當地的飯店房卡作紀念，設計師在其單身
套房中摒棄多餘裝飾，獨獨設計了造型鐵管，
鐵管上有凹槽放置房卡，空間也像一本專屬
屋主的立體遊歷日記。

A Decoration

沿牆面頂天設置的鐵管，不僅是裝
飾，更是主人的生活記實。

圖片提供－明代設計

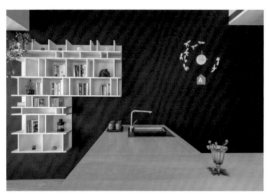

圖片提供─樂沐制作 The MOO

把牆面當畫布營造個人風格

以畫布為概念著色，將想呈現的空間重點為主軸，大膽地鋪陳在牆面上，像是藍紫色的牆利用一盞造型書架、設計壁鐘、壁貼地圖、磁鐵黑板等，再以點綴式的小品如綠色植栽、書畫或家具做襯托的綠葉，帶出空間的整體風格。

A Wall
在紫藍色主牆上，具設計感的白色格架及鐘成為視覺焦點。

大膽跳色創新空間格調

利用傢具和軟件做出空間風格是較多設計師會採取的手法，然而本案中設計師突破模式，依屋主個性喜好，大玩牆面跳色遊戲，讓灰、白空間中多了視覺重點，同時讓原本狹窄的端景多了視覺放大的效果。

A Wall
牆面上的海軍藍線板以異材質拼搭，斜凹線的細節處理讓區域活潑不失沉穩。

圖片提供─二三設計 23Design

圖片提供─聿和空間整合設計

空間中融合信仰，讓居住充滿能量

屋主是虔誠的基督徒，因此在規劃住宅風格時，希望能將信仰幻化成空間的一部分。於是利用從玄關陽台一進門的白色電視牆面一側，以內凹一處燈帶，搭配鐵件十字架造型，形成視覺焦點。

Plus

白色電視牆上以鐵件構成的十字架，正好與陽台窗框相呼應，成為空間中有趣的連結。

橫貼白色磁磚營造療癒小廚房

不一定要貼滿整面牆，運用典雅的巧克力磁磚，仿照傳統的磚牆排列工法，並洗以水泥灰色填縫劑，與不鏽鋼廚具檯面完美混搭，在自然光線之下自然帶出專屬於屋主味道的療癒風廚房。

A Kitchen
15X7 公分的長型白色巧克力磚洗灰色填縫，讓廚房白色牆面有了更豐富的立面視覺。

圖片提供—肅和空間整合設計

是單槓也是搶眼的玄關照明

為了滿足屋主在家裡客廳拉單槓的願望，又不造成視覺不協調，設計師打造出特別的玄關，抬高的天花板，將單槓與燈具結合，金屬管內埋藏訂製的鋁擠型 **LED** 燈條，不怕用起來燙手。

A Light
空間照明一物二用，即使個人風格強烈也不顯突兀。

圖片提供—工一設計

圖片提供—樂沐制作 The MOO

斜切書櫃造型形成視覺牆

空間主角是人，因此以屋主本身喜好及需求為出發點，整合才能帶出零裝感的設計風格。像此屋主愛狗，因此將白色書櫃以斜切方式一半裸露書牆，放置屋主與狗的照片，形成風格。前置的書桌結合餐桌，可視需求分開使用。

A Bookcase

純白空間裡，書櫃斜切門片並露出原木層板的創意造型不僅為端景焦點，更為生活增添趣味。

CHAPTER **3**

我要我的零裝感
百搭風格設計單品

|沙發|椅&凳|餐桌&椅|

|室內照明|居家收納|

|傢飾雜貨|

Sofa
沙發

沙發，不僅作為休憩之用，更在零裝感的空間中扮演了畫龍點睛的靈魂角色，形塑了公共空間的風格與氛圍，也往往是客廳中的視覺焦點。選購時除了選擇符合空間及全家人需要的尺寸、材質之外，也可視居家風格搭配創造符合個人特質的空間亮點。

Rolf Benz 沙發
來自於德國盛產良木的黑森林區的沙發品牌 **Rolf Benz**，不僅可視需要多元組合，簡約的線條能詮釋出屬於家的舒適質感。圖片提供 _D&L 丹意信實集團

Gramercy Park 沙發

品味主義至上的紐約 **Gramercy Park** 沙發系列，皮革
材質或天鵝絨面料沙發在金屬色彩的閃耀點綴下，營造
出低調奢華的都會質感。圖片提供 _Crate & Barrel

荷蘭古典莊園天鵝絨雙人沙發椅

來自阿姆斯特丹的品牌 **Pols
Potten** 以簡單的線條輪廓，搭配
典雅祖母綠，**100%** 天鵝絨布細
緻的柔軟觸感與光澤，能為室內
創造最閒靜舒適的棲息角落。圖片
提供 _Marais 瑪黑家居選物

Aspen 沙發

以美國雪景度假勝地
Aspen(亞斯本 **)** 演繹
出西方風格場域與生
活風景，透過米白色
系沙發組，強調回歸
「家」的原點。<small>圖片提供</small>
<small>_Crate & Barrel</small>

Wilmette 沙發

強調「閒適」，設計
採樣美國城市近郊的
Wilmette (威爾曼 **)**
區域的慢活步調，以
溫潤質材與配色詮釋
生活感沙發。<small>圖片提供 _</small>
<small>Crate & Barrel</small>

Papadatos-FEEL 沙發

來自歐洲工藝，以優美柔和的線條、適當的比例與簡約優雅
的形體為要素，精心呈現沙發本身的簡約美感，塑造家的品
味個性。圖片提供 _Papadatos 台灣區授權代理 - 朕實國際 ZX LIVING

Rolf Benz BACIO 沙發

追隨德國包浩斯主義浪潮，以簡練線條詮
釋沙發適切風格，沈穩的色調與精緻的細
節處理，展現舒適生活態度。圖片提供 _D&L
丹意信實集團

Rolf Benz TIRA 沙發

輕盈而精巧的襯料工藝能讓坐姿都能享有
完美的舒適度。創新機械功能更可視個人
需要調整至最舒適放鬆的位置。圖片提供 _
D&L 丹意信實集團

ITEM
Chair & Stool
椅 & 凳

　　客廳中的單椅又稱主人椅，通常作為家中招待客人時，屬於屋主的區域劃分，可以是單一沙發，也可以是獨特造型設計的椅子，主人椅的文化最早來自於英國，透過專屬於屋主的椅子，也可以從中表現其喜好的風格與美感。通常單椅和家中沙發在材質和造型要有對比和反差，才能製造空間立面的視覺效果。

法蘭西休閒椅（France Chair）
擁有丹麥設計血統，具寬闊如圓盾般的皮質椅座，飄浮於雕塑形式的木工結構，百搭於任何室內空間。圖片提供＿北歐櫥窗

OX Chair 公牛椅

金屬與皮質薈萃的人文質感，肩頸與扶手特殊設計賦予單椅更多個性語彙，為空間帶來優雅沈穩的氣質。圖片提供 _D&L 丹意信實集團

SANAA 兔子椅

以適於東方人體型設計，左右不對稱的雙耳椅背格外吸睛，無論放在玄關當作穿鞋椅，或是輕巧地帶到沙發旁，都能為室內增添童趣的端景。圖片提供 _ 北歐櫥窗

白樺扶手椅 41 號

層疊曲線白樺木構成的迴圈是扶手同時也是椅腳，能穩妥地支撐每個坐在上面的人。纖薄的木片椅背椅座能在視覺上予人通透清爽的感覺，天然木料的彈性更是能讓減輕久坐負擔。圖片提供 _ 北歐櫥窗

大鑽石椅

義大利出生的美國藝術家 **Harry Bertoia** 設計的大鑽石椅 **(Large Diamond Chair)**，以鑽石切割面為靈感，結合高明度色調，是兼顧輕巧、結實與舒適的椅子。圖片提供 _**D&L** 丹意信實集團

Adelaide 單椅

圓弧線條與木質椅角的經典之作，符合人體工學的椅背高度及軟硬適中的椅墊，帶出舒適坐感，沒有折角的設計則充分展現了適意簡約的生活表情。圖片提供_BoConcept（創空間集團代理）

Papadatos 沙發單椅
希臘國寶級品牌 **Papadatos** 沙
發單椅，零直線零角度的圓潤椅
型設計，增添坐臥的慵懶舒適感
受。圖片提供 _**Papadatos** 台灣區授權代理 -
朕璽國際 **ZX LIVING**

ROLF BENZ 單椅
獨特材質搭配細腳式單椅，擁有
精細的飾邊與雕塑似的造型，讓
它在生活空間中充滿藝術氣息。
圖片提供 _**D&L** 丹意信實集團

Model 45 Chair 休閒椅
由各種不同垂直與平行的交錯線條構組，椅框
細節中創造不凡的視覺感，丹麥設計師 **Finn
Juhl** 設計中最為經典的代表。圖片提供 _ 北歐櫥窗

Dining Table & Dining Chair
餐桌 & 椅

　　餐桌椅組在餐廳中往往占有十分核心的位置，餐桌的選擇往往決定了餐廚空間的風格主軸，只要餐桌比例不對，不但不好使用，也會讓空間因此有過大或過狹小的影響。餐桌與餐椅的搭配除了設計風格與材質、色系外，還需注意尺寸與人數的配合，從適切需要中找尋適合的餐桌椅。

BUNNY 彩色木作餐椅
泰國新銳設計品牌 **Curio** 的單椅作品，
座椅大小飽滿舒適，椅背舒適著包覆腰
背，可讓人感受不易左右晃動的堅實感。
圖片提供 _Marais 瑪黑家居選物

Aspen 系列傢具

美式品味家居 **Crate and Barrel** 汲取美國雪景度假勝地 **Aspen**(亞斯本) 靈感，具有豐富生活感樸拙曲線，從餐桌打造樂擁生活的居家美感。圖片提供 _Crate & Barrel

Air Armchair 扶手椅

全世界第一張採用氣體輔助射出成型的椅子，質輕省料且價格親民，有型有款線條圓潤時尚，為空間增添活潑無拘束的生活表情。圖片提供 _ 北歐櫥窗

Rolfbenz 餐椅

有品味並對現代生活
風格有獨特想法的行
家最佳的家具選擇,它
靜靜地滿足了每個人
對舒適的真正巷需要。
圖片提供_D&L 丹意信實集團

Rolf Benz 餐椅

打破常理的扶手椅,
令人為之振奮的顏色
與材質結合成為它的
表布,能成為空間的
亮點,基座設計給予
自由移動性。圖片提供_
D&L 丹意信實集團

Interior Lighting
室內照明

照明與室內的亮度息息相關，用以補足自然光線的不足之處，簡約的居家空間照明必須以「看了不刺眼」為原則，然而「不刺眼」並不等於「燈光昏暗」，因為昏暗的燈光會使眼睛疲勞，有亮有暗的亮度調節，才能到達照明效果，機能之外，各式燈具造型也能讓零裝感的設計中賦予更多表情。

Iride 壁燈
與其說是燈具，**Iride** 壁燈更像是光的藝術品，以幾合圖形與金屬交織，圓形光盤創建出仿若日蝕的光暈，讓空間流露浪漫微醺的氛圍。圖片提供_Arketipo 台灣區授權代理 - 昳豐國際 ZX LIVING

冰塊燈

來自北歐的經典設計，
在冰塊中呈現光的溫
暖，創意巧思讓人一眼
難忘，充份展現玻璃工
藝、光線變化以及心靈
創意之美，也呈現簡約
俐落的力度美感。圖片提
供 _ 北歐櫥窗

Terho 橡果吊燈

取材於自然森林精神，
表現出芬蘭設計的純
粹、簡潔和洗鍊。素雅
的燈罩色澤，留下滿佈
的檜木紋理，毫不掩飾
自然的本質，讓人感受
北歐永續工藝之美。圖
片提供 _ 北歐櫥窗

VP Globe 吊燈

以地球為靈感而生的球體設計，透明的球形框架下，搭配內部五片金屬遮罩，宛如無重力的空間漂浮，藍、白、紅三色輝映，無法輕易的定義它的色彩調性，兼富冷調、和溫暖的多重氛圍，是零裝感設計的絕佳搭配。圖片提供 _ 北歐櫥窗

Swan 吊燈

La Chance 的 Swan 吊燈，設計靈感來自於芭蕾舞演員翩翩起舞的身影，整體風格簡約時尚。柔美暈黃的光線，能型塑溫暖動人的氣氛，讓屋內空間更顯摩登高雅。

圖片提供 _La Chance 台灣區授權代理 - 联豐國際 ZX LIVING

Home Storage
居家收納

　　隨著開放式室內設計愈來愈被活用，收整家中雜物的各式收納，也愈來愈隱形便利，目前暗櫃、活動式或能一物多用的收納設計最受歡迎。而收納的考量不僅在於收納物件的形體及數量，收在哪裡也很重要，基本上「順手的收納」當屬最有感無壓的收納概念。

圖片提供 _PIURE 台灣區授權代理・聯震國際 ZX LIVING

MESH LIVING 壁櫃

德國科隆傢俱展所新推出的 **MESH**
系列，設計簡潔優雅，將美感蘊含於
細節之間，獲得過許多設計獎項。圖
片提供 _PIURE 台灣區授權代理 - 朕豐國際 **ZX LIVING**

oxford 床組收納櫃系列

以臥房收納衍生出的系列收納
櫃，沈穩的木質櫃體搭配淺色
橡木框，取材自然的質感最能
展現零裝感家屋本色。圖片提供 _
Crate & Barrel

Copenhagen 收納系列

每個人的收納需求各有不同，
Copenhagen 兼具功能性、靈活
性和美觀等優點，能自由組裝變
化，視需要量身訂做出最適切收
納空間。圖片提供 _BoConcept（創空間集
團代理）

MESH LIVING 收納斗櫃

來自知名設計師 Werner Aisslinger 的作品，以穿透感為設計元素，無論是運用染色玻璃、穿孔式隔板或開放式造型，皆可依照個人需求調整，實現 Lifestyle 的個性生活風。圖片提供 _PIURE 台灣區授權代理 - 朕豐國際 ZX LIVING

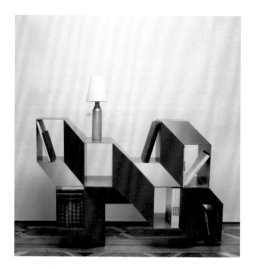

Rocky 書櫃

黎巴嫩知名設計師 Charles Kalpakian 玩耍 3D 效果，創造極具視覺張力與特色鮮明的造型書櫃，稜角分明與雕塑品般的強烈線條感，巧妙玩轉變化我們對空間與體積的認知。圖片提供 _La Chance 台灣區授權代理 - 朕豐國際 ZX LIVING

Lugano 收納系列

時尚、優雅和別具一格的 Lugano 收納櫃，有多種色彩櫃體可作為選擇，不僅能輕鬆解決收納需求，更能依喜好組配不同的門片或櫃體。圖片提供 _BoConcept（創空間集團代理）

ITEM
Furniture
Accessories
傢飾雜貨

　如果說空間是形體，那麼在簡約風格中，傢飾雜貨的引用則為其中靈魂，最能展現屋主的個性，特別是客廳區、餐廚區的選物、織品，畫龍點睛的傢飾能讓原本素雅的空間，變得十分立體感又有視覺效果。

Marie 傢飾系列
傳統斯堪地那維亞風情的印花圖樣，結合經典北歐設計元素，不論織品或傢飾，繽紛用色與線條與能簡約風格完全搭襯。圖片提供＿
GreenGate

Takato 抱枕

浮雕般紋飾的 **Takato** 抱枕，傳承印度細緻刺繡工藝的 **Carmine** 等，透過不同面料與裝飾設計的抱枕恣意搭配，營造出最溫暖的空間風格。

圖片提供 _Crate & Barrel

Lux 餐碗盤系列

極簡零裝感呈現純然材質之美，不規則盤緣內飾以金色或銀色光澤，低調中略顯華麗的設計，讓用每個用餐時刻更顯不凡。圖片提供 _Crate & Barrel

中田窯
小器中田窯系列，以傳統的釉下彩技巧手工上釉，使得食器呈現溫潤的手感，相較陶器更好保養。圖片提供 _ 小器生活道具

la fleur 餐具
小器 **la fleur** 系列餐具，由日本陶藝家鹿兒島睦的作品，以清新配色搭配簡單畫風展現零裝感生活的單純之美。圖片提供 _ 小器生活道具

湛藍 Fleur 花卉與 Kallia 餐具
以線條俐落、排列規律的湛藍 **Fleur** 花卉與 **Kallia**，刻劃出對生活細節的執著與認真態度，看似平凡的日常，也因為精準的品味呈現極大化的美感。圖片提供 _Greengate

大好吉日流域飲器系列
使用陶土與釉藥燒製，萃取在地人文風情，感性表達本土特色，質樸無華的設計能自然的在生活中被使用而非束之高閣。圖片提供 _ 兩個八月

風格好店嚴選
& 適切生活宅設計師

\\\\\ D&L 丹意信實集團

D&L 丹意信實集團成立於 1986 年，為國內率先引進歐洲居家精品的企業集團之一。目前 D&L 丹意信實集團旗下所代理的主要品牌包括來自丹麥的 Bang & Olufsen 與 Louis Poulsen，德國的 Rolf 子 Benz、Ruf｜BETTEN 與 Parador，並於台北、台中、台南與高雄等地設有 30 個品牌直營門市。

ADD	台北市仁愛路三段 133 號
TEL	02-87735307
EMAIL	service@danese-lealty.com.tw

\\\\\ 北歐櫥窗

北歐是全球最幸福的國度，北歐人不把流行時尚看得太重，但願意把居家與生活的設計擺在第一順位。北歐櫥窗秉持「窺見北歐深度價值，放眼全球美學設計」品牌理念，以方便的網路購物與百貨門市多元通路，將北歐設計哲學帶入台灣，為人們開啟一扇美學生活之窗。

INFO	各店門市資訊
	台北 信義誠品百貨店 松高路 11 號 2 樓｜02-2723-7221 (誠品信義店 2F)
	台中 新光三越百貨店 臺灣大道 3 段 301 號 7F｜04-2254-0631 (新光三越 7F)
	台中 明日聚落概念店 臺灣大道二段 573 號 1 樓｜04-2321-6677
	桃園 GLORIA OUTLET 中壢區春德路 189 號｜03-381-6678
EMAIL	cs@nordic.com.tw
WEB/FB	http://www.nordic.com.tw

\\\\\ Crate and Barrel

來自美國芝加哥的簡約當代風格家具家飾領導品牌，提供全球獨特設計與高品質商品，並以充滿驚喜和靈感的購物環境而名。以親切專業的銷售顧問、別出心裁的設計商品和高規格的店裝陳設，為你帶來精采豐富的生活品味。

INFO	各店門市資訊
	台北 微風廣場 台北市松山區復興南路一段 39 號 3F｜02-8772 8738
	台北 微風信義 台北市信義區忠孝東路五段 68 號 B1F｜02-2720 2677
	台中 台中大遠百 台中市西屯區台灣大道三段 251 號 8 樓 (南棟)｜04-2258 3333
WEB/FB	www.crateandbarrel.com.tw

\\\\ 小器生活道具

於 2012 年 5 月成立了第一家實體店鋪,展示的是生活中的主角
— 生活道具。藉由介紹日本目前已經成熟的工藝 / 民藝等生活道
具,讓客人們得以直接使用商品,了解生活道具的手感與品質,也
逐漸開始開發屬於台灣的原創商品。

INFO 各店門市資訊
【小器 +g 藝廊】台北市赤峰街 17 巷 4 號｜ 02-2559-9260
【小器梅酒屋】台北市赤峰街 17 巷 7 號｜ 02-2559-6852
【小器赤峰 28】台北市赤峰街 28 之 3 號｜ 02-2555-6969
【小器台中店】台中市南屯區大容東街 17 號｜ 04-2328-8538
【小器生活空間 華山店】台北市八德路一段 1 號華山園區中四 B 館
｜ 02-2351-1201
WEB/FB https://www.facebook.com/xiaoqiplusg/

\\\\ 創空間 Creative CASA

創空間 Creative CASA 的創立原點,始於一場穿梭義大利巷弄
的華麗冒險,身在義大利,可以發現自己隨處都被美麗事物圍
繞。創空間 Creative CASA 集合義大利中高階精品傢具,以
「負擔得起的奢華」,傳遞精緻細膩的品味風範。

INFO 各店門市資訊
內湖 台北市內湖區新湖一路 128 巷 15 號 3F (紐約家具設計中心)
新莊 新北市新莊區新北大道四段 506 號 2F B008 (紐約家具設計中
心)
台中 台中市北屯區環中路一段 1486 號 AB012 (紐約家具設計中心)
TEL 0800-218-588
EMAIL service@twcreative.net

\\\\ 兩個八月

對設計的熱愛如同八月太陽一般炙熱,因此成立「兩個八月創意設
計」,堅持將【生命與感動】融入創作,讓設計本身去感動人們,
藉由各式各樣的媒介尋求人與設計之間的可能性,讓兩個八月有自
己獨特的世界觀與設計風格。

TEL 02-27611128
EMAIL info@biaugust.com
WEB/FB http://www.biaugust.com/

biaugust
兩個八月

\\\\\ ZX LIVING 朕璽國際有限公司

ZX LIVING 主要代理國際知名設計師傢俱為主，目前主要代理法國品牌 LA CHANCE(總代理)，另外還有德國品牌 Piure、希臘品牌 Papadatos(總代理) 及義大利品牌 Arketipo 等，我們希望引進創意、高質感的傢俱，提供客戶不同角度思考生活美學，品味優雅生活。

ADD 台北市松山區富錦街 455、457 號
TEL 02-2745-7111
WEB/FB http://www.zx-living.com/

\\\\\ marais 瑪黑居家選物

瑪黑家居選物由來自不同領域、對美麗事物抱有相同熱忱的成員組成。因為對不同而獨特設計的喜愛，期望打造一個以「美」為最高原則的購物網站。從細微的感動出發，透過來自世界各地的好設計，傳遞最直接而純真的品味溫度。

INFO 各店門市資訊
台北 台北松隆店 台北市信義區松隆路 9 巷 24 號 | 02-8787-8868
台中 中中大和老屋限定店 台中市西區民權路 233 巷 10 號 | 04-2301-0681
EMAIL hello@storemarais.com
WEB/FB http://www.storemarais.com

\\\\\ 特力集團

致力構築全球整合型企業，以 30 多年對外貿易實務經驗為基礎，為世界各地的知名零售賣場供應物超所值的貨品，並且跨入零售通路經營，旗下包括特力屋、HOLA 特力和樂、HOLA CASA 和樂名品傢俱、HOLA Petite 等品牌，提供各項居家生活相關商品及服務。

ADD 台北市內湖區新湖三路 23 號 6 樓
TEL 02-87915888
EMAIL bruce.shen@testritegroup.com
WEB/FB www.testritegroup.com/wps/portal

風格好店嚴選 & 適切生活宅設計師

\\\\ Greengate Taiwan

丹麥的時尚家居品牌 GREENGATE，將傳統斯堪地那維亞印花圖樣，
完美結合經典北歐設計元素。品項有餐瓷、下午茶具、咖啡杯具、
家居飾品、寢具織品、文具收納、居家香氛等。

INFO 各店門市資訊
新光三越南西一館 7F ｜ 02-2567-9817
新光三越信義 A8 館 6F ｜ 02-2722-1353
大葉高島屋 4F ｜ 02-2833-6119
太平洋 SOGO 台北敦化館 5F ｜ 02-2751-1136
太平洋 SOGO 新竹巨城店 2F ｜ 03-531-4118
新光三越台中中港店 7F ｜ 04-2254-3997
新光三越台南西門店 B1F ｜ 06-303-1183
高雄漢神巨蛋購物廣場 B1F ｜ 07-553-1911
WEB/FB https://www.facebook.com/greengate.tw/

\\\\ BoConcept 北歐概念

Bo 在丹麥文為「生活 /Living」的意思，BoConcept 便是生
活的概念。來自丹麥的傢具家飾品牌 BoConcept，期待讓熱
愛生活的人，透過美好的設計，享受每一個日常時刻。

INFO 各店門市資訊
內湖門市 台北市內湖區新湖一路 128 巷 15 號 3F (紐約家具設計中
心) ｜ 02-27915018
八德門市 台北市中山區八德路二段 260 號 B1 (紐約家具設計中心)
｜ 02-87722279
EMAIL info@boconcept.tw

\\\\ URBAN GALLERY 優居選品

URBAN GALLERY 優居選品，旨在傳遞一個簡單的訊息，談環
保，可以從認識生活物件開始，以綠色議題為核心的意識選
品，嘗試去發現物品更多被使用的可能性並推行其永續的價
值，與品味契合的消費，才可以跟著你更久。

INFO 各店門市資訊
優居選品 松菸店
台北市信義區光復南路 133 號
東向製菸工廠一樓風格店家 A7
WEB/FB https://www.urbangallery.co/

\\\\\ KC Design Studio 均漢設計
ADD 台北市中山區農安街 77 巷 1 弄 44 號 1 樓
TEL 02-2599-1377
EMAIL kpluscdesign@gmail.com
WEB/FB www.kcstudio.com.tw

\\\\\ 三倆三設計事務所
ADD 台北市信義區忠孝東路四段 553 巷 16 弄 7 號 3 樓
TEL 02-2766-5323
EMAIL 323interior@gmail.com
WEB/FB https://www.facebook.com/323interior

\\\\\ 兩冊空間制作所
ADD 台北市大安區忠孝東路三段 248 巷 13 弄 7 號 4 樓
TEL 02-2740-9901
EMAIL 2booksdesign@gmail.com
WEB/FB https://2booksdesign.com.tw/

\\\\\ 伍乘研造有限公司
ADD 桃園市中壢區中平路 72 號 3 樓
TEL 0915-325-880
EMAIL 5xstudio.tw@gmail.com
WEB/FB www.facebook.com/5xarchi

Index
室內設計師
////////////////////

\\\\\ 合風蒼飛設計工作室

ADD 台中市五權西路二段 504 號
TEL 0963-366-108
EMAIL soardesign@livemail.tw
WEB/FB soardesign.com.tw

\\\\\ 二三設計 23Design

ADD 桃園區桃園市蘆竹區經國路 908 號 7 樓（廣春成 HVW 大樓）
TEL 03-316-5223
EMAIL 5223design@gmail.com
WEB/FB www.instagram.com/23_design_inc

\\\\\ 工一設計

ADD 台北市中山區北安路 458 巷 47 弄 17 號 1 樓
TEL 02-85091036
EMAIL oneworkdesign@gmail.com
WEB/FB http://owdesign.com.tw/

\\\\\ 敘研設計 DESN

ADD 台北市南京西路 370 號 3 樓
TEL 02-2550-5160
EMAIL ctchen.dsen@gmail.com
WEB/FB FB "敘研設計"

Index

室內設計師

\\\\\ 樂沐制作 the moo

ADD 台北市臥龍街 145-1 號 1 樓
TEL 02-2732-8665
EMAIL service@themoo.com.tw
WEB/FB www.themoo.com.tw

\\\\\ 木介空間設計 m.j design

ADD 台南市安平區文平路 479 號 2 樓
TEL 06-298-8376
EMAIL mujie.art@gmail.com
WEB/FB https://www.instagram.com/mujie.art/

\\\\\ loqstudio. 珞石設計工作室

ADD 台北市大同區赤峰街 33 巷 10-1 號 2 樓
TEL 02-2555-1833
EMAIL hello@loqstudio.com
WEB/FB http://loqstudio.com/

\\\\\ 尤噠唯建築師事務所

ADD 台北市民生東路五段 137 巷 4 弄 35 號
TEL 02-2762-0125
EMAIL service@sharho.com
WEB/FB http://www.sharho.com

\\\\ 橙白室內設計
ADD 台北市士林區忠誠路 2 段 130 巷 8 號 1 樓
TEL 02- 2871-6019
EMAIL vicky@purism.com.tw
WEB/FB www.purism.com.tw

\\\\ 北歐建築
ADD 台北市大安區安和路二段 32 巷 19 號
TEL 02-2706-6026
EMAIL service@twcreative.net
WEB/FB dna-concept-design.com

\\\\ 本晴設計
ADD 台北市民權東路三段 142 號 301 室
TEL 02-2719-6939
EMAIL mina601@gmail.com
WEB/FB www.rm601.com.tw

\\\\ 明代室內設計
ADD 台北市光復南路 32 巷 21 號 1 樓
TEL 02-2578-8730
EMAIL ming.day@msa.hinet.net
WEB/FB http://www.ming-day.com.tw/

Style55

就是愛住零裝感的家

新樸素時尚住居美學—
剛剛好的Lifestyle宅設計

作者	漂亮家居編輯部
文字編輯	余佩樺、曾家鳳、劉真妤、李寶怡、高寶蓉、施文珍
責任編輯	施文珍
封面&版型設計	FE設計葉馥儀
美術設計	陳俐妏
行銷企劃	呂睿穎

發行人	何飛鵬
總經理	李淑霞
社長	林孟葦
總編輯	張麗寶
叢書主編	楊宜倩
叢書副主編	許嘉芬

出版	城邦文化事業股份有限公司 麥浩斯出版
地址	104台北市中山區民生東路二段141號8樓
電話	02-2500-7578
E-mail	cs@myhomelife.com.tw

發行	英屬蓋曼群島商家庭傳媒股份有限公司城邦分公司
地址	104台北市中山區民生東路二段141號2樓
訂購專線	0800-020-299
讀者服務傳真	02-2578-9337
Email	service@cite.com.tw
劃撥帳號	1983-3516
劃撥戶名	英屬蓋曼群島商家庭傳媒股份有限公司城邦分公司

香港發行	城邦（香港）出版集團有限公司
地址	香港灣仔駱克道193號東超商業中心1樓
電話	852-2508-6231
傳真	852-2578-9337

馬新發行	城邦（馬新）出版集團Cite(M) Sdn.Bhd.
地址	41, Jalan Radin Anum, Bandar Baru Sri Petaling,57000 Kuala Lumpur, Malaysia
電話	603-9057-8822
傳真	603-9057-6622

總經銷	聯合發行股份有限公司
電話	02-2917-8022
傳真	02-2915-6275

製版印刷	凱林彩印股份有限公司
版次	2017年11月 初版一刷
定價	新台幣380元

Printed in Taiwan
著作權所有·翻印必究(缺頁或破損請寄回更換)

就是愛住零裝感的家：新樸素時尚居美學-剛剛
好的Lifestyle宅設計 / 漂亮家居編輯部著. -- 一
版. -- 臺北市：麥浩斯出版：家庭傳媒城邦分公
司發行, 2017.11
　　面；　公分. -- (Style；55)
ISBN 978-986-408-331-2(平裝)

1.家庭佈置 2.室內設計 3.空間設計

422.5　　　　　　　　　　　106018459